U0160118

前|沿|科|技|普|及|丛|书

COSMIC TREK
宇宙迷航

蔡一夫　金庄维　著

中国科学技术大学出版社

内 容 简 介

我们是谁？我们从哪里来？我们的未来会怎样？自人类文明诞生以来我们一直在尝试回答这三个问题,而关于宇宙的故事恰恰是解答这些问题的核心。无数前贤带领着我们在追寻宇宙奥秘的漫漫长路上迈出了一步又一步,他们用自己的努力将人类对宇宙的理解记录在浩如烟海的著作之中。开卷即起航,希望本书能成为读者在宇宙迷航中的一本地图册,带领读者一起领略人类目前所能描绘出的宇宙图卷,不断探索浩瀚无垠的宇宙。

图书在版编目(CIP)数据

宇宙迷航/蔡一夫,金庄维著.—合肥:中国科学技术大学出版社,2023.4
(前沿科技普及丛书)
ISBN 978-7-312-05300-9

Ⅰ.宇…　Ⅱ.①蔡…②金…　Ⅲ.宇宙—青少年读物　Ⅳ.P159-49

中国版本图书馆CIP数据核字(2022)第078117号

宇宙迷航
YUZHOU MIHANG

出版	中国科学技术大学出版社 安徽省合肥市金寨路96号,230026 http://press.ustc.edu.cn https://zgkxjsdxcbs.tmall.com	**印张**	6.5
		字数	98千
		版次	2023年4月第1版
印刷	合肥华苑印刷包装有限公司	**印次**	2023年4月第1次印刷
发行	中国科学技术大学出版社	**定价**	50.00元
开本	710 mm×1000 mm　1/16		

本书有少量图片来自网络,作者未能与著作权人一一取得联系,敬请谅解。请著作权人与我们联系,办理签订相关合同、领取使用费等事宜,联系电话0551-63600058。

　　什么是宇宙？我们的祖先说："四方上下曰宇，古往今来曰宙。""宇宙"二字囊括了空间与时间，代表了古人最宏伟的想象。但今天，我们有了望远镜、有了人造卫星，我们知道了宇宙大概有138亿岁，现在仍在不停地膨胀，其中还有着千千万万个"太阳"。那么，这千千万万个"太阳"是否完全一样？它们为什么没把夜空点亮？宇宙年轻的时候什么样？将来又会变成什么样？如果你想知道这些问题的答案，那么请随我一起开启这段宇宙迷航吧！

　　在旅行开始之前，我们想先告诉你我们在宇宙中的位置。

　　图0.1中的每一个白点都代表着一个星系，我们身处的银河系只是茫茫星海中的一个白点而已。

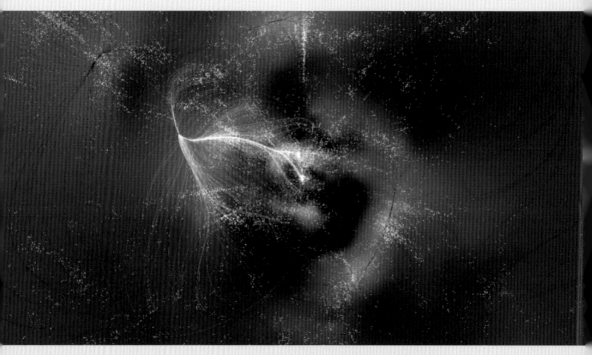

图 0.1 计算机模拟的拉尼亚凯亚超星系团

（Pomarede Daniel 和 Brent Tully 提供图片）

目录 CONTENTS

第1讲 四方上下

我们的宇宙有多大？宇宙中有多少星球（图1.1）？我们在宇宙中会孤独吗？

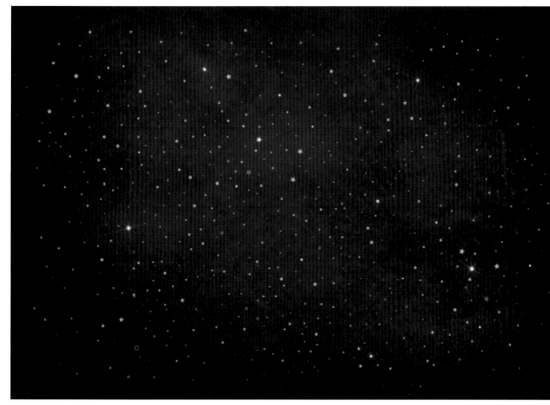

图1.1 一闪一闪亮晶晶，满天都是小星星

1.1 大尺度结构

如果有机会俯视宇宙，猜猜你会看到什么？一片茫茫星海中的飘逸羽毛（图0.1）？事实上，你会看到一张巨型的"蜘蛛网"（图1.2）！

它被称为"宇宙网"，是一种泡沫网状结构。为什么叫泡沫网状结构呢？因为这种结构和图1.3所示泡沫形成的结构非常相似。

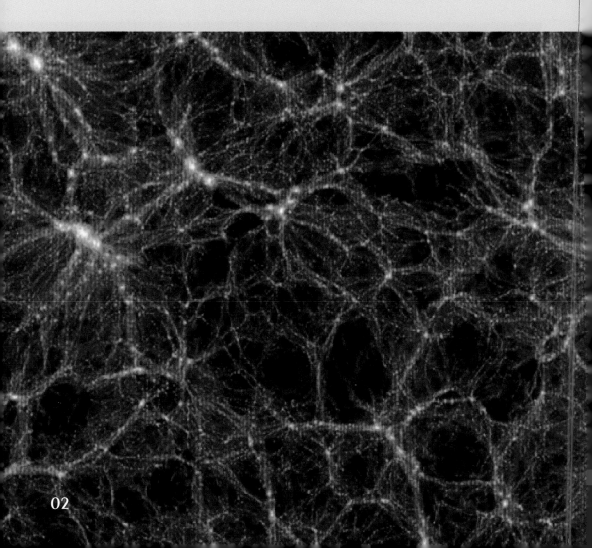

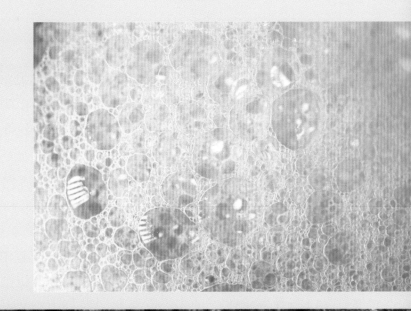

图 1.3　泡沫

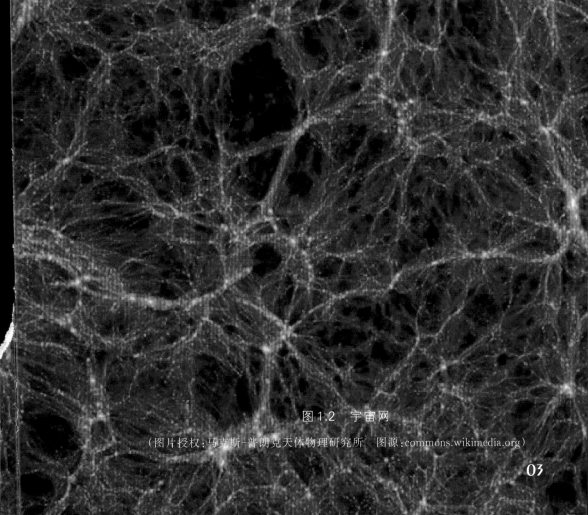

图 1.2　宇宙网

（图片授权：马克斯-普朗克天体物理研究所　图源：commons.wikimedia.org）

有些地方聚集了大量的泡沫,空洞的地方泡沫则很少,那些泡沫聚集的地带勾勒出了空洞的边缘。宇宙网是通过扫描宇宙中的星系,分别得到它们在天空中的相对位置和距离后绘制而成的。在这张网中,聚集的"泡沫"其实是大量的星系,它们分布在狭窄的"纤维带"上,它们之间则是巨大的空洞。

　　为什么宇宙中的星系自动形成了这样的结构呢?因为早在宇宙诞生之初,物质和能量的分布就不是完全均匀的:物质聚集多的地方产生的引力强,聚集少的地方产生的引力弱。在漫长的演化过程中,物质之间通过万有引力彼此吸引,密集的地方变得更密集,空旷的地方变得更空旷。久而久之,便形成了网状结构。

　　不过,我们现在所能看到的也只是这张网的一个角落,如果我们从更远的地方看,也许它又会变得不同。为什么这么说呢?

　　这要从哥白尼讲起。我们的祖先一度认为自己处在宇宙的中心,天上所有的星星都是围绕着地球转的。而哥白尼提出的"日心说"否定了这一点:地球不是宇宙的中心。那太阳、太阳系、银河系呢?在宇宙学中,一条以"哥白尼"命名的原理认为:宇宙没有中心。这就是说,无论你在宇宙的哪个角落对它进行观测,得到的结果都是非常相似的。之所以我们现在看到了网状结构,可能是因为我们观察得太过细致。就好比图1.4所示的海绵蛋糕,远看起来各处都差不多,但如果你拿放大镜对着其中一小块区域仔细观察,就能发现大大小小的气孔和不太规则的形状。

　　有趣的是,宇宙网的结构竟和我们的脑神经网络有些相似。有些科学家还对此做过严肃认真的分析:人脑中的神经元总数与我们可以观测到的宇宙中的星系数目大致相同。虽然人脑在宇宙中出现的时间远远小于宇宙的年龄,但它们的相似还是让人无比惊讶。至于其中的原因,科学家们现在还在研究当中。

更有意思的是，19世纪的物理学家玻尔兹曼（Boltzmann）曾提出过一个听起来有些可怕的想法：只要时间足够长，宇宙中就会凭空出现一个孤单的大脑。这被称为"玻尔兹曼大脑"。不过，玻尔兹曼大脑只是理论上的假想，它至今仍然是一个充满争议的话题。说不定有一天，其中的秘密将会由你来揭开。

现在让我们回到宇宙这张大网。宇宙网看起来宏伟壮观，但如果把你丢进这张网中，恐怕你在窒息前就已经被熏死了——想想腐烂的垃圾、咸鱼所散发的气味以及肠胃胀气混合在一起的气味，就是那样……但我们并不觉得周围的空气这么难闻，难道地球上的气体中有什么特殊成分吗？的确，由于地球上富含氧气，空气要清新得多。因此，如果有一天你要去外太空旅行，一定记得要备足氧气！

图1.4　海绵蛋糕

1.2　星系

　　现在，让我们拿上超级放大镜来看看分布在"蜘蛛网"上的星系们。我们看到的星系图片大多像个圆盘，周围会伸出好几条手臂（图1.5），但并不是所有的星系都长成这样。

　　有些星系的形状非常有趣，并且因为独特的形状，获得了与众不同的名字。例如，草帽星系（Sombrero Galaxy，图1.6）、蝌蚪星系（Tadpole Galaxy，图1.7），还有些星系组合成了美丽的形状，如同一朵灿烂的"玫瑰花"（图1.8）。

图1.5　常见的星系想象图

图 1.6 草帽星系

（图片授权：美国宇航局、欧洲航天局、
哈勃遗产小组 图源：spacetelescope.org）

图 1.7 蝌蚪星系

（图片授权：美国宇航局、Ford、
Illingworth、 Clampin、 Hartig、
ACS科学小组、欧洲航天局 图
源：spacetelescope.org）

图 1.8　玫瑰星系

（图片授权：美国宇航局、欧洲航天局、哈勃遗产
小组　图源：spacetelescope.org）

　　这些美丽的"大天使"拥有非常惊人的尺寸：最小的星系直径大概有几千光年，而最大的有上百万光年。光年听起来像是个时间单位，其实却是个距离单位。一光年就是光跑一年的距离。因为宇宙中天体间的距离都太大了，用米和千米作单位已经无法满足要求，所以天文学家常常用光年作为距离单位。现在我们就能明白，就算是最小的星系，光也要经过几千年才能从一头跑到另一头。更何况，光还是跑得最快的。

这样大体量的星系,宇宙网中究竟有多少呢?早在1996年初,美国宇航局(NASA)发布了著名的"哈勃深场"(Hubble Deep Field,图1.9)。这张图片来之不易:哈勃空间望远镜将镜头对准星空中的一小片区域,整整观测了10天,通过长时间曝光捕捉极暗的天体。图片中包含的最远星系距离有120亿光年。天体物理学家数出这块区域中的星系数量,并且假设星系的分布情况在各个方向上相似,于是推断出宇宙中共有1200亿个星系。

图1.9 哈勃深场

(图片授权:Robert Williams、哈勃遗产
小组、美国宇航局、欧洲航天局 图源:
spacetelescope.org)

然而，这个数字是被低估了的。更多的星系因为太暗而无法被观测到，所以星系总数也无从知晓。

　　在2016年，英国诺丁汉大学的天体物理学家克里斯托弗·康塞里斯（Christopher Conselice）及其合作伙伴，将望远镜得到的二维图像转换成三维模型，算出不同距离处星系的数量密度。他们由此推算得出：宇宙中应当包含2万亿个星系。如果把这些星系平分给地球人，那么我们每个人

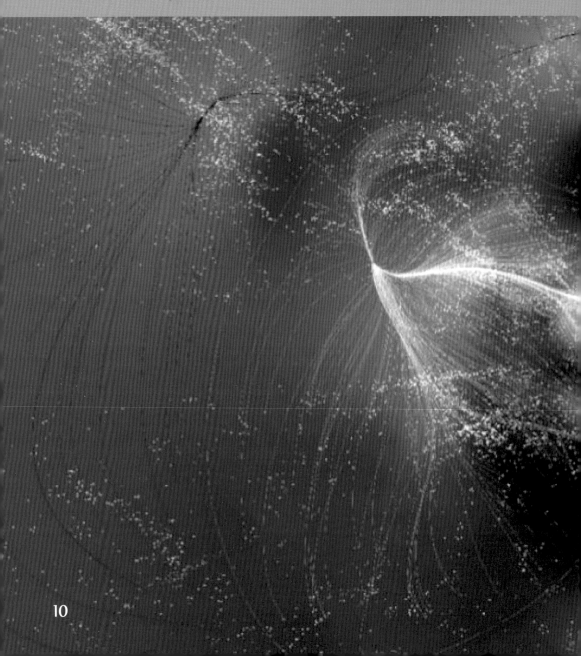

能分到大约 300 个星系！

　　不过,这些星系并不是完全独立的,它们也会抱成团。之前提到的拉尼亚凯亚超星系团(夏威夷语:无尽的天堂),它的形态如同飘逸的羽毛,其中包含了我们的银河系以及其他约 10 万个大型星系。银河系只是羽毛上的一点,渺小到让地球上的我们难以置信。此外,银河系的位置也不在宇宙中心,反而是远离拉尼亚凯亚超星系团的中心,仅仅处在它的最边缘地带,图 1.10

银河系

图 1.10　银河系在拉尼亚凯亚超星系团中的位置
(Pomarede Daniel 和 Brent Tully 提供图片和帮助)

中箭头指向的位置就是我们所在的银河系。

宇宙中有这么多星系，它们会相撞吗？虽然"羽毛"上的这些星系相距很远，但确实会在引力的作用下发生碰撞。我们在地球上能用肉眼看到的最遥远的天体就是仙女座星系（图1.11），它和我们相距290万光年，是离我们最近的星系。如果你想去仙女座看一看，那么就算你以光速奔跑，到达目的地也需要290万年，而自旧石器时代以来的人类的历史也不过区区300万年左右。根据观测，仙女座将来很有可能和我们的银河系相撞。不过不用担心恐慌，这场大碰撞大概会发生在30亿年以后。不光是我们，也许所有人都无缘目睹这场碰撞，因为那时的人类可能早已经不存在了。

图1.11　仙女座星系

（图片授权：美国宇航局、欧洲航天局、Dalcanton、Williams、Johnson、PHAT 团队、R. Gendler　图源：spacetelesc

1. 银河系

过去人们常常说，晴朗的夏夜，天空中横亘着一条不规则的银白色光带，那就是银河。在古希腊神话中，银河是一位女神的乳汁喷到空中形成的，所以人们称它为"Milky Way"。但是由于早期的翻译问题，它的中文译成了"牛奶路"。可惜的是，由于城市发展带来的霓虹灯光、空气污染，现在的我们已经很难单凭肉眼来看到这条"牛奶路"了。

这条"牛奶路"只是银河系在天空中的投影。其实，银河系是个直径为12万~18万光年的大"盘子"，它的中心隆起一个直径大约1.2万光年的鼓包(图1.12)，而且这个盘子还是弯曲的。

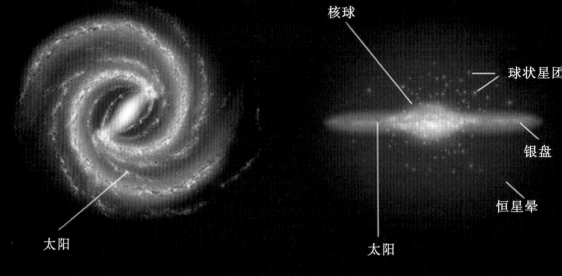

核球

球状星团

银盘

恒星晕

太阳

太阳

图 1.12　银河系

这个大盘子的中心是什么呢？科学家们认为，那里有个大黑洞，并给它取名为"人马座 A*"（Sagittarius A*）。黑洞十分地贪吃，它会把它周围的一切都吞入腹中，连光线也不放过。银河系中心的这个黑洞的质量超级大，大约有 430 万个太阳那么重！可想而知它会有多么能吃……

科学家们一直想要看看这个大黑洞长什么样，这就得靠望远镜来帮忙。位于美国、墨西哥、智利、法国、格陵兰岛和南极的八个顶级射电天文台组成的"事件视界望远镜"（Event Horizon Telescope，EHT）在 2017 年 3 月开始试运行，它的一大目标便是拍摄人马座 A*黑洞的照片，捕捉周围环境的细节。2022 年 5 月 12 日，事件视界望远镜合作组织公布了首张银河系中心黑洞照片，这是继 M87 星系黑洞之后的第二张真实黑洞照片。

2. 黑洞的第一张照片

2019 年 4 月 10 日晚 9 点，事件视界望远镜合作组织协调召开全球六地联合新闻发布会，宣布人类首次利用一个口径如地球大小的虚拟射电望远镜，在近邻巨椭圆星系 M87 的中心成功捕获世界上首张黑洞图像（图 1.13）。

这张照片可谓是千呼万唤始出来。事件视界望远镜从2017年3月开始试运行,在2017年4月5日~14日对银河系中心和星系M87中央的两个大黑洞进行观测。那一年,只有在这10天,才能保证所有望远镜都能看到这两个黑洞。

观测已是非常不易,但这还没有结束,下一个巨大的挑战就是处理数据。在2017年的观测中,8个台站、5天观测,总共记录了大约3500TB数据,相当于350万部电影的数据量!这就是处理数据耗费大量时间的一大原因。

不过即便如此,我们看到的黑洞照片仍然很模糊,丝毫没有电影大片里令人震撼的模样。这是因为大望远镜的分辨率仍然不够高。要想看到更加清晰的照片,科学家们还得再接再厉!

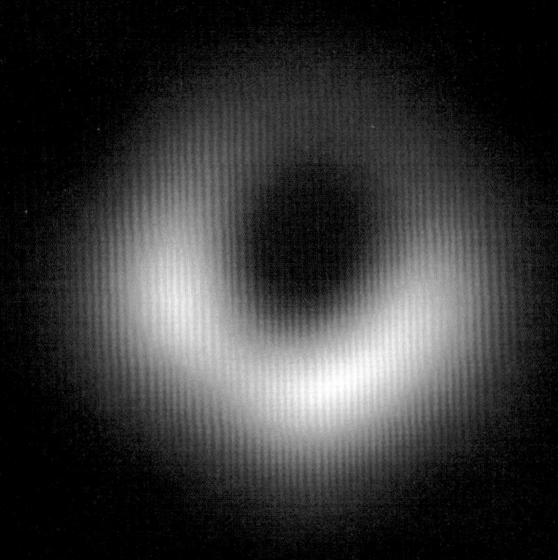

图 1.13 黑洞
(图片授权:事件视界望远镜合作组织)

1.3 恒星

星系是由大量恒星组成的,它们在引力的作用下聚集到一起。不仅如此,很多星系还能孕育新的恒星。每个恒星都绕着星系中心运动,它们都拥有各自专属的轨道,离中心越远的恒星,绕圈的时间也越长。通常来说,螺旋星系中的恒星绕行一圈要花上几亿年(图1.14)。

这些恒星都是"不灭的灯塔",它们依靠星体内部的"燃烧",自身就能发光发热。宇宙中约有$2×10^{23}$颗恒星,仅银河系中就有超过2000亿颗恒星。既然天空中有这么多"灯塔",那为什么还会有黑夜呢?

这个问题早在1823年就有人想过了,他就是德国天文学家奥伯斯。他问道:"如果宇宙是永恒的,并且包含无数光源,那么为什么夜晚天会变黑?"这被称为"奥伯斯佯谬"。

现代科学给出的解释是:第一,我们的宇宙正在加速膨胀,光线也因此发生变化,超出了我们的可见范围。第二,宇宙的年龄有限,我们看到的范围也有限。遥远的星光尚未到达地球,自然无法照亮夜空。第三,有些光线被星际尘埃吸收了。因此,虽然宇宙中繁星浩瀚,但夜晚依旧是黑的。

和星系类似,不同的恒星也会抱团,"组合"成星座。不过,星系成团是因为万有引力的作用,而星座的划分则完全是人为的。早在三四千年前,古巴比伦人把天空中较亮的星星组成各种有趣的形状,创立了48个星座。希腊天文学家把它们和神话、动物联系到一起,给它们命名,并赋予它们美丽的传说(图1.15)。而中国古代的星象师则把天空划分为星宿,他们通过星象变化来预测凶吉。

现代国际通用的星座有88个,这是1928年由国际天文学联合会(International Astronomical Union,IAU)进行划分并确定的。但你可能只听说过十二星座,它们还跟生日、性格有着神秘的关系。这是怎么回事呢?故事要从太阳的轨迹说起。太阳在天空中穿行的路线叫黄道。在占星术中,黄道被划分成了12个等份,分别用邻近的星座命名,这就有了十二星座,又被称为黄道十二宫。星座占卜师认为,一个人出生时,太阳在天空中

图 1.14　螺旋星系梅西耶 94

（图片授权：欧洲航天局、哈勃遗产小组、美国宇航局　图源：spacetelescope.org）

的位置就决定了他的性格与命运。当然,世上这么多人,绝不可能只分成12类,大家可别对占星的结果太过认真。有趣的是,在天文学中,黄道上其实还有第13个星座——蛇夫座。听起来很陌生?它可是1928年被国际天文学联合会官方认证的黄道星座!

图1.15 星座艺术图片

就像人有生老病死一样,恒星也不是亘古不变的,它们也会经历诞生、成长、衰老和死亡。人的一生不过区区百年,而恒星的一生则要漫长得多——长达几亿年甚至上百亿年。

开始时,宇宙中的气体、尘埃经过上百万年的聚集,逐渐形成恒星。这些物质"抱"得越紧,恒星内部的温度就越高。等温度达到700万℃时,恒星内部便开始"燃烧",发光发热。等到恒星中心部分的燃料快要耗尽时,它便开始衰老。恒星的年龄由它的质量决定,质量越大的恒星燃料越充足,寿命也越长。晚年的恒星将外部物质喷射出去,只留下中心的核,成为白矮星。如果白矮星的质量足够大,它还会进一步坍缩。其中质量较小的最终会成为中子星,而质量比较大的那些,其生命的终点就是黑洞。

1. 太阳

太阳是离我们最近的恒星(图1.16)。它是恒星大家族中非常普通的一名成员,在兄弟姐妹中间,它毫不显眼。尽管如此,在地球面前,它绝对是个大块头:太阳有130万个地球那么大,33万个地球那么重。地球在太阳面前,大概就像盘子里的一粒灰尘。我们从地球上看,太阳似乎并不大,这是因为我们距离太阳太远了。

究竟有多远呢?太阳和地球的平均距离大约是1.5亿千米。这意味着,如果我们想要从地球步行到太阳,每小时走5千米,日夜不停地走,要花上3500年。如果乘火车,每小时前进100千米,需要不停地开170多年。就算跑得飞快的光线,也得花上8.3分钟才能到达目的地。

在一天之中,太阳和地球之间的距离会发生变化吗?古代的大"知识分子"孔子在各地周游、讲学的时候,曾经发生过一件趣事。他遇见两个小孩子在争吵。其中一个小孩说:"太阳刚升起来时离我们近,到中午时离我们远,因为太阳刚升起来时,大得像一个车轮,到了中午却小得像一个盘子。离我们越远的东西才显得越小。"而另一个小孩却说:"太阳刚升起来时离我们远,到中午时离我们近。中午比早上要热,难道不是因为我们离太阳越近,才越热的吗?"他们让孔子来评理,但是孔子听了,却说不出他们谁对谁错。这两个小孩子就笑话他:"大家都说你知识渊博,怎么你也答不上来?"

.16 蓝天、白云和太阳

那么,这两个小孩子谁对谁错呢?其实,太阳东升西落只是因为地球在转动,太阳本身并没有发生变化。因此,太阳在中午时既没有远离我们,也没有靠近我们。那为什么我们会觉得中午的太阳小,而且天气热呢?

早晨的太阳看起来比中午的大,这其实是我们的错觉。当我们在判断一个物体的大小时,大脑会自动地把它和周围的东西进行比较。把一个乒乓球放在一筐篮球中间,我们会觉得乒乓球很小。但如果把这个乒乓球和一袋黄豆放在一起,它就显得巨大无比。

当我们在判断太阳的大小时,大脑也得出了同样的错误结论。早晨的太阳刚刚从地平线上探出脑袋,它的周围是树木、房屋,和它们相比,太阳就显得很大。但到了中午,太阳高高升起,其周围是广阔的天空,这样一比,太阳就显得小了。而中午的气温比早晨高的主要原因是,早晨的太阳是倾斜地照射着大地,而中午的太阳则是直射大地,所以大地在中午接收到的热量更多,我们会觉得更热。因此,在一天之中,太阳和我们之间的距离并不会发生变化。它就在那里,不近不远。

2. 太阳系

太阳系是以太阳为中心的一个小家族,距离银河系中心约2.7万光年。赐予我们光明与温暖的太阳是一颗恒星,周围有八大行星围绕着它运转(图1.17)。

如果你去问你的爸爸妈妈,太阳系有几大行星,那么他们很可能会告诉你,有九大行星。在10多年前,人们的确认为太阳系有九大行星。那为什么到现在少了一个呢?难道它不见了?或者是被撞碎了?都不是,它被降级了。这个可怜的家伙叫作冥王星。冥王星在1930年就被发现了,一度被列为太阳系九大行星之一。但1992年以后,由于科学家在其周围发现了好几个个头和它差不多的兄弟姐妹,冥王星的地位就开始动摇了。2006年,国际天文学联合大会上,大家投票通过了行星的新定义。就这样,冥王星被正式"开除"出九大行星的队伍,归入矮行星(又称侏儒行星)之列。

地球上的科学家们对周围这些"友邻"都很感兴趣,于是他们制造了很多探测器前去一探究竟(表1.1)。

图 1.17　太阳系艺术图

表 1.1　几个比较知名的探测器

名称	国别	探测对象	发射时间	探测时间	目前状态	主要发现
天问一号	中国	火星	2020 年	2021 年登陆火星	运行中	2021 年 2 月 24 日进入火星停泊轨道，3 月 4 日传回火星高清图片
希望号	阿联酋美国	火星	2020 年	2021 年进入火星轨道	运行中	开始监测火星大气
朱诺号	美国	木星	2011 年	2016 年进入环木星轨道	运行中	木星两极非常混乱（密集的风暴气旋），电子会激发极光，拥有巨大磁场，存在条纹状的大气云层
卡西尼号	美国意大利	土星	1997 年	2004 年进入环土星轨道	2017 年正式结束自己的使命，坠毁于土星	土卫二、土卫六拥有孕育生命的条件
新视野号	美国	冥王星	2006 年	2015 年飞越冥王星	运行中	2015 年飞越冥王星时发现其表面有座年轻的冰山，被命名为冥王星之心

也许你会觉得奇怪,为什么没有直抵太阳的探测器?因为太阳表面温度大约为6000℃。这么高的温度,地球上的任何材料都扛不住,所以想要坐着地球上的飞船登陆太阳简直就是天方夜谭。那些号称近距离"接近"太阳的飞船,其实也只是在距离太阳好几百万千米之外远远地"看"它一眼而已。

1.4 地球

地球是我们的家园,也是宇宙中唯一一个我们知道有生命存在的地方。那我们在宇宙中是孤独的吗?

这是一个宏大而又繁复的问题。人们思考和探索这个问题已经很多年了。历史上,这个问题往往和哲学、宗教有关。随着科技的进步,科学家们建立了许多大型探测器来寻找来自太空的信号。

20世纪60年代,美国的无线电科学家弗兰克·德雷克(Frank Drake)提出了寻找外太空文明的项目(The Search for Extra-terrestrial Intelligence,SETI)。科学家们建立起来一个无线电发射装置,搜寻来自外太空的信号。此后,又有大量的无线电望远镜进行了同样的工作。但是五六年后,人们面对的依然是一片沉默的星空。

这究竟是因为我们在宇宙中的确孤独,还是因为我们搜寻的地点、方向和时间出了差错呢?银河系有几千亿颗行星,其中一些星球的确具备存在生命的条件,但这并不意味着这些星球上已经有生命存在了。对于生命的起源,人们至今仍是一筹莫展:我们不了解生命形成的过程和机制,没有办法预测这个过程发生的可能性有多大。

现在,科学家们借助更加先进的技术来寻找地外文明。比如,澳大利亚的Parkes望远镜目前就有20%的时间分配给了"寻找外星人",但仍一无所获。我国在2016年建成了500米口径球面射电望远镜(Five-hundred-meter Aperture Spherical radio Telescope，FAST），它是世界上最大口径的射电望远镜，约有30个足球场那么大（图1.18），而且灵敏度很高。它的目标之一就是参与地外文明的搜索。

图1.18　中国天眼FAST
（南京紫金山天文台余金霏提供图片）

2017年10月，中国科学院国家天文台发布了FAST的首批成果：它发现了两颗遥远的脉冲星。脉冲星是一种高速自转的中子星，由恒星演化和超新星爆发产生。它的密度极高，每立方厘米重达上亿吨。这意味着，一块方糖大小的中子星就有10000艘万吨巨轮的质量。脉冲星的自转速度很快，并且周期精确，是宇宙中最精准的时钟。这一特殊"本领"让脉冲星在计时、引力波探测等领域都有重要应用。自1967年发现第一颗脉冲星以来，过去的50年里，人类发现的脉冲星家族至少有2700个成员了。而这次，是我国射电望远镜首次发现脉冲星，意义非凡。

不过,发现脉冲星只是 FAST 的第一步,它将来必定会带给我们更多惊喜。也许,不久之后的某一天,FAST 就能"听"到"天外来客"发出的信号。

1.卡尔·萨根

提起寻找地外文明,我们就不得不提到这位先驱——卡尔·萨根(Carl Sagan,图 1.19)。他是一位出色的美国天文学家,被《时代》杂志誉为"美国最出色的科学推销员"。他曾说:"宇宙那么大,如果只有我们,岂不是太浪费了。"

1934 年 11 月 9 日,卡尔出生在纽约市布鲁克林区。1960 年,他在芝加哥大学获得天文学和天体物理学博士学位,后来又到哈佛大学进行博士后工作,之后在康奈尔大学获得教授职位。他根据金星自身的辐射特征,计算出金星表面是一个酷热的世界,甚至可以融化铅。他还研究过木星大气,探索其中包含有机化学物质的可能性。

卡尔的业余爱好是研究其他行星上存在生命的可能性,以及地球上生命起源的问题。他是研究外太空生命学的先驱,也是 SETI 项目的创始人之一。

此外,作为美国宇航局的顾问,卡尔参与设计了水手 2 号、水手 9 号、Viking 火星探测器,旅行者号和伽利略号木星探测器。

卡尔不仅是一位出色的科学家,他还擅长将抽象的科学概念用普通人能够理解的语言进行解释,是一位卓越的科普大师。他创作过数十本科幻小说,其中,《伊甸园的飞龙》获美国普利策奖,《接触》被改编成电影《超时空接触》。他还主持并拍摄了系列科普片《宇宙》,片子播出的第二个月,他就成为了《时代》杂志的封面人物。

图1.19　卡尔·萨根

　　卡尔曾经说过："每个人在他们幼年的时候都是科学家，因为每个孩子都和科学家一样，对自然界的奇观满怀着好奇和敬畏。"他的科普作品陪伴了一批批爱看星星的孩子们长大，并鼓励他们投身"追星"事业。

　　1996年12月20日，他因肺炎病逝，墓志铭为：纪念卡尔·萨根（1934年11月9日—1996年12月20日）——丈夫、父亲、科学家、教师。卡尔，你是我们在黑暗中的蜡烛。

2. 假如地球真的在流浪

在2019年初上映的电影《流浪地球》中,在不远的将来,太阳因为衰老开始急速膨胀,太阳系不再适合人类生存。为了避免被毁灭的命运,人类启动"流浪地球"计划,在地球表面建造了10000座行星发动机,将地球变作一个巨大的宇宙飞船逃离太阳系,寻找并建造新的家园。在浩渺的宇宙中,地球和人类开启了预计长达2500年的流浪之旅。

不过,将地球推离太阳的行星发动机可不是那么好驾驭的。首先,根据电影的设定,这些行星发动机一共能产生150万亿吨的推力,如果将单位换作牛顿,大约是150亿亿牛顿。地球的质量约为6亿亿亿千克,利用牛顿第二定律可以得到,发动机推动地球的加速度大约等于0.00000025米/秒^2,这可很难推动地球。

其次,这些发动机的力量来自核反应,但反应原料是石头。石头的主要成分是氧、硅等元素,它们发生核反应需要极高的温度和压强。且不说目前我们还无法在地球上制造出这样的条件,就算能真的实现,我们也还得控制好这样的核反应。因为如果反应产生的能量不受控地向外扩散,那么将会对地球造成毁灭性的破坏。

在现实的宇宙中,的确存在着流浪于星际空间的行星,它们由于各种各样的原因被母星"放逐",从此成为独行侠。这些"流浪地球"散落在茫茫宇宙中,不易被发现,许多天文学家正在寻找它们的踪迹,希望从它们身上发现恒星、行星在形成与演化过程中不为人知的秘密(图1.20)。

1.5 月球

月球是地球的卫星,也是我们最容易观察的天体,人们对月球一直有着很多美丽的想象和哲思。北宋大文豪苏轼就写下过:"人有悲欢离合,月有阴晴圆缺,此事古难全⋯⋯"为什么月亮会有阴晴圆缺呢?

图 1.20　流浪行星的示意图

（图片授权：美国宇航局、喷气推进实验室）

月球在太阳的照射下,总是一半亮,一半暗。假如我们和太阳在月球的同一边,就会看到月球被照亮的一面。如果太阳在月球的另一边,我们就只能看到月球的暗面。而当我们刚好正对着月球的侧面时,它就是一半亮、一半暗。我们看到的月球的形状,只是月球被照亮的部分。

　　由于月球会绕着地球转动,从月初到月末,随着月球位置的不同,我们看到的月亮的形状就不同,于是就有了新月、峨眉月、上弦月、满月、下弦月、残月等月相,并且周而复始。在整个过程中,月球的形状从来没有变过。它只是忠实地绕着地球转了一圈又一圈(图1.21)。

图1.21　月球与月相

由于月球距离地球很近,人们很早就开始了对月球的探索。古希腊的天文学家阿利斯塔克甚至准确地计算出了月亮的大小和与地球的距离。但是直到400年前,意大利物理学家伽利略发明望远镜后,人类才第一次看到了月球表面的样子。伽利略发现月球表面不是平整的,有很多的环形山,他还给很多环形山都起了名字(图1.22)。

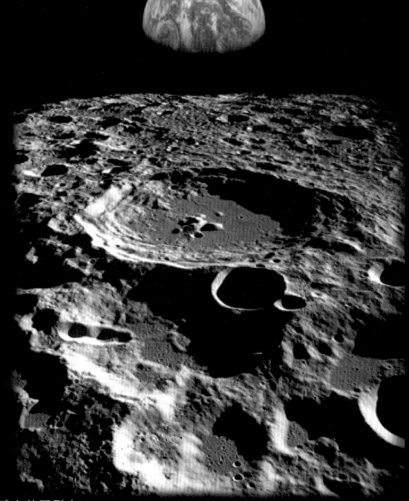

图1.22 月球上的环形山

人类对月球了解的最大飞跃是在几十年前。那时候美国和苏联正处在冷战时期,谁也不服谁。他们比拼的一大焦点就是航天技术,而月球作为距离地球最近的天体,自然成了一个重要的目标。苏联率先通过飞船拍下了我们平时看不到的月球背面的照片,又第一次让飞船降落在月球上。而不甘示弱的美国在1969年发射了阿波罗11号飞船,载着三名宇航员登上了月球。阿波罗11号的指挥官尼尔·阿姆斯特朗(Neil Armstrong)在月球上迈出第一步时说了这样一句著名的话:"这是我个人的一小步,却是整个人类的一大步。"美国阿波罗计划带回了月球表面岩石,还在月球表面放了很多探测器,科学家如今对月球的了解,很大程度上要归功于阿波罗计划的贡献。

随着技术的发展,人类的"野心"已经不再局限于登月,飞向火星、飞出太阳系成为更加诱人的目标。但在我们想要飞得越来越远的同时,地球上的一些问题也变得越来越严重:气候变暖、海洋污染、社会贫富差距……这些问题比登月更难解决,除了需要经费资源和专业知识以外,还需要政府的支持、公民素质的提升。更重要的是,这些问题的解决依靠的不是一群人,而是我们每一个人。

因此,在我们朝着星辰大海不断前进时,别忘了,地球妈妈也需要我们的关爱。

中国也有自己的探月计划——嫦娥工程,它在2004年启动。嫦娥工程有三个阶段的规划。首先是发射探月卫星,在距离月球表面200千米的高度绕着月球飞行,观察月球表面,探测空间环境。然后是释放月球车,在月球上边走边看,仔细探测附近的环境。接着是发射月球自动采样返回器。它在降落到月球表面后,将采集月球土壤和岩石样品,并送上返回器。返回器再将月球样品带回地球,供研究使用。在2007年和2010年,嫦娥一号和嫦娥二号先后升空。2013年,嫦娥三号探测器成功软着陆于月球,玉兔号月球车(图1.23)便是它的一部分。它们将很多关于月球的宝贵照片和数据传回地球。2018年,嫦娥四号发射升空,于2019年1月3日成功实现了人造探测器首次月球背面软着陆,使得在地球上的我们能够成功与月球背面通信。2020年11月,中国首个实施无人月面取样返回的月球探测器嫦娥五号发射成功,并于当年12月1日着陆,着陆后顺利完成了采样,在12月17日凌晨,嫦娥五号返回器携带着月球样品着陆地球。

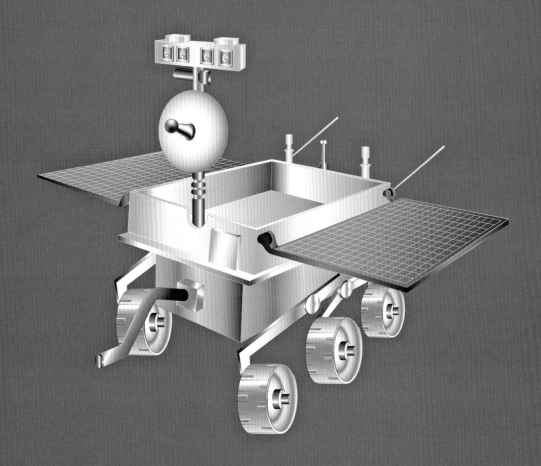

图1.23　玉兔号月球车示意图

　　虽然我们对月球的探索有着漫长的历史,但是我们至今也不知道月球是怎么形成的。科学家也一直想弄清楚这个问题,现在有几种比较流行的猜想:

　　(1)月球本来是一颗从外面来的小行星,被地球引力"抓住"了,再也没被放走。

（2）月球不是外来的，而是从地球自身分裂出去的。地球刚刚诞生的时候旋转得太快，把身上的物质甩了出去，就像洗衣机把衣服中的水甩出去一样。一部分被甩出去的物质便慢慢聚集并形成了月球。

（3）在地球刚刚诞生的时候，有一颗很大的古行星撞上了地球，导致了月球的诞生。现在的地球表面是硬邦邦的，但在45亿年前地球刚刚诞生的时候，其表面可是滚烫的岩浆。那个时候地球周围到处都有远古的行星飞来飞去，其中一颗就在地球刚刚形成不久时撞上了地球。这颗撞击地球的天体被称为"忒亚"（Theia），它的名字来自希腊神话里月神的母亲。"忒亚"撞上年轻的地球时，溅出来的岩浆绕着地球飞。它们慢慢聚集起来，最后变成了月球。

至于这三种猜测到底哪种正确，或者都不完全正确，需要更多的科学研究才能得出结论。

1.6　粒子世界

普林斯顿高等研究院院长罗伯特·迪克格拉夫（Robbert Dijkgraaf）教授曾经这样写道："假设现在有一群外星人来到我们的星球，想要学习当今的科学知识，我会先给他们播放一部40年前拍摄的纪录片《十的力量》（Powers of Ten）。"在该影片的开头，一对夫妇在芝加哥的公园内野餐。然后，镜头开始拉远，每隔10秒，视野就扩大10倍，从10米，到100米，再到1000米……我们看到的范围也在慢慢变大，城市、大陆、地球、太阳系、相邻的恒星、银河系，一直到目前我们所能观测到的宇宙全景。在影片的后半段，镜头转而拉近，一直深入到最微小的结构。我们的视野穿入掌心，看到细胞、DNA双螺旋结构、原子、原子核，最后是质子内不停振动的夸克。

这就带来了另一个十分有趣的话题，我们的微观世界是什么样子的？这也就是科学家们常常提及的粒子世界，在这个环境中最常见的则是质子、中子、电子等微观粒子。质子和中子是由更为微小的夸克所组成的；而夸克和电子是基本粒子，它们无法进一步分割，且只能有整数个。也就是说,我们不能讲有半个夸克,或者1/3个电子。

发现基本粒子的历史可以一直追溯到1897年,英国物理学家约瑟夫·约翰·汤姆孙(Joseph John Thomson)在实验中发现了电子。这是人类探测到的第一个基本粒子。之后的100多年里,科学家们费尽周折,终于找齐了粒子家族的所有成员:6个夸克(quark),6个轻子(lepton),敏捷的光子(γ),带"颜色"的胶子(g),笨重的带电、中性玻色子(Z、W),还有"上帝粒子"希格斯玻色子(H,图1.24)。夸克和轻子是搭

三代物质粒子(费米子)

	I	II	III		
质量 电荷 自旋	≈2.4 MeV/c^2 2/3 1/2 **u** 上夸克	≈1.275 GeV/c^2 2/3 1/2 **c** 粲夸克	≈172.44 GeV/c^2 2/3 1/2 **t** 顶夸克	0 0 1 **g** 胶子	≈125.09 GeV/c^2 0 0 **H** 希格斯玻色子
夸克	≈4.8 MeV/c^2 -1/3 1/2 **d** 下夸克	≈95 MeV/c^2 -1/3 1/2 **s** 奇夸克	≈4.18 GeV/c^2 -1/3 1/2 **b** 底夸克	0 0 1 **γ** 光子	标量玻色子
	≈0.511 MeV/c^2 -1 1/2 **e** 电子	≈105.67 MeV/c^2 -1 1/2 **μ** 缪子	≈1.7768 GeV/c^2 -1 1/2 **τ** 陶子	≈91.19 GeV/c^2 0 1 **Z** Z玻色子	
轻子	<2.2 eV/c^2 0 1/2 **$ν_e$** 电子中微子	<1.7 MeV/c^2 0 1/2 **$ν_μ$** 缪子中微子	<15.5 MeV/c^2 0 1/2 **$ν_τ$** 陶子中微子	≈80.39 GeV/c^2 ±1 1 **W** W玻色子	规范玻色子

图1.24 粒子世界成员表

(Attribution: Miss MJ 图源:commons.wikimedia.org)

建物质大厦的砖块；光子，胶子，Z、W玻色子负责传递各种相互作用力；希格斯玻色子则和其他基本粒子的质量起源息息相关。希格斯玻色子是其中最"淘气"的一个，直到2012年才在对撞机上被"捉拿归案"。

对撞机是用来研究基本粒子的利器。在这种机器中，物理学家让能量巨大的两束粒子迎头相撞，并用体形巨大但设计精巧的探测器监测对撞的产物。碰撞的过程有可能创造出质量很大，但寿命极短的新粒子。

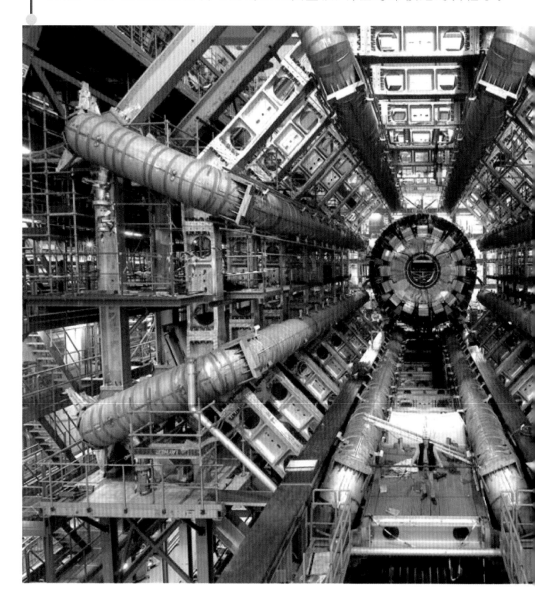

希格斯玻色子就是在质子对撞的环境中被发现的。

　　现在世界上最大的对撞机是位于瑞士和法国交界处地下100米深的大型强子对撞机,它的环状隧道有 27 千米长(图1.25)。2012年7月4日,大型强子对撞机实验发现了希格斯玻色子。一年之后的诺贝尔物理学奖授予了物理学家弗朗索瓦·恩格勒(François Englert)和彼得·希格斯(Peter Higgs),以表彰他们在预测希格斯机制方面所取得的成就。

图1.25　大型强子对撞机上的ATLAS探测器

(图片授权:© 2005－2018 CERN　图源:cern.ch)

在大型强子对撞机取得了如此大的成就之后,物理学家希望建造更高能的对撞机来探索未知。中国和日本都有意建造新一代大型对撞机。日本请来了凯蒂猫(Hello Kitty)为对撞机站台。而在中国,要不要建大型对撞机则引发了一场争论。有些科学家认为,现阶段的中国还存在各种各样的社会问题,不适宜将大量的资金用于建造大型对撞机。此外,大型对撞机的科学成就在短期内也很难直接用于改善人们的生活。但也有科学家认为,建造大型对撞机可以让中国在相关的科学、技术领域达到国际领先水平,并吸引大量精英人才,机不可失,时不再来。作为普通大众,我们能做

的,也许就是耐心等待最终的方案。

　　不过,无论地球上的对撞机造得多大,其能够达到的能量都很有限。理论物理学家则有一个奇思妙想:将早期宇宙看成一台能量巨大的对撞机(图1.26)。这个想法最初是由两位物理学家尼马·阿尔卡尼-哈米德(Nima Arkani-Hamed)和胡安·马尔达西那(Juan Maldacena)在2014年提出的。他们想利用极大的宇宙来探索极小的粒子世界——从宇宙的物质分布中看到粒子留下的蛛丝马迹,从而推知宇宙在诞生之初发生的故事。相关的研究仍在进行中,如果真能如愿,那便再好不过了!

图1.26　宇宙学对撞机示意图

(鲜于中之提供图片,版权归属:Paul Shellard)

1.7 中国科学技术大学观天项目

我们头顶的宇宙神秘而又美丽,人类一直以来都希望能够一探究竟。即使在条件有限的古代,诗人们也有"欲上青天揽明月"的豪情。400多年前,伽利略将望远镜指向了天空。从那以后,对星空的科学探索便拉开了帷

幕。现如今，世界各地的地面望远镜、空间卫星都将镜头指向了浩瀚的宇宙，希望从中获得新的线索。在这些观天项目中自然也少不了中国科学技术大学观天项目的身影(图1.27和图1.28)。

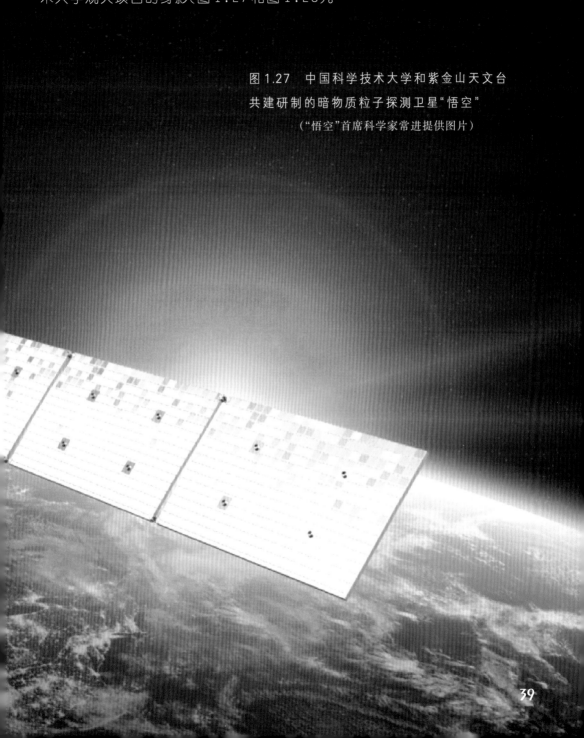

图1.27　中国科学技术大学和紫金山天文台共建研制的暗物质粒子探测卫星"悟空"

（"悟空"首席科学家常进提供图片）

图 1.28　中国科学技术大学参与建设的西藏阿里项目 AliCPT

（阿里项目提供图片）

第2讲 古往今来

这个壮阔深邃、包罗万象的宇宙从何而来？又有过怎样辉煌的过去？

2.1 创世纪

太古之初,一位名叫盘古的沉睡巨人缓缓睁开双眼(图2.1)。他发现周围一片漆黑,于是一斧头劈开了这片混沌,从此便有了天地。盘古死后,他的身体逐渐演化成日月星辰、世界万物…… 这是我们儿时都听过的美丽传说。有趣的是,在由真实的科学理论构建起来的现代宇宙学中,宇宙的演化历史竟与这神话有着诸多巧合。不过,故事的主角由开天地的盘古变成了一场

图2.2 热大爆炸宇宙学说

(图片授权:美国宇航局、戈达德宇宙飞行中心, NASA/GSFC 图源:gsfc.nasa.gov)

大爆炸。

　　热大爆炸宇宙学说是基于20世纪40年代苏联物理学家乔治·伽莫夫（George Gamow，1904—1968）等人的原初核合成理论（Big Bang Nucleosynthesis）研究发展出来的。根据这个理论模型，我们的宇宙创生于大约138亿年前的一次时空奇点大爆炸（图2.2）。

图2.1　盘古

（图源：https://commons.wikimedia.org/wiki/File:Pangu.jpg）

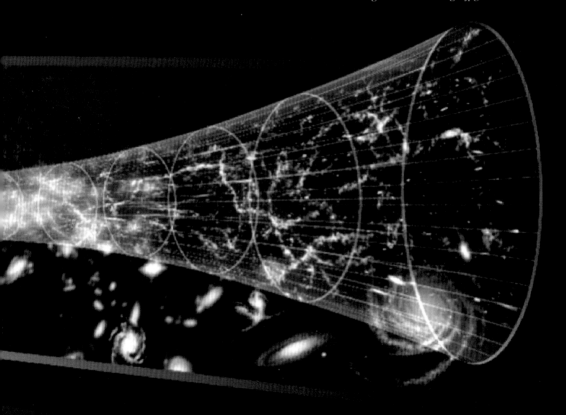

那么,大爆炸时刻发生了什么?我们可以说大爆炸是在某一时刻发生的,但不能说它是在空间上某一位置发生的。由于我们是在宇宙内部而不是宇宙外部进行观察的,根据我们有限的经验,很容易认为它是在已有的空间中发生的爆炸,但这是不对的。从大爆炸那一刻起,空间才一下子出现,密度与温度趋于无穷大,在此之后,随着空间的膨胀,宇宙不断冷却,变成今天的样子。

至少,宇宙学家就是这么告诉我们的。他们会说,大爆炸就是宇宙的起点。问"大爆炸从何而来"就好比问"北极之北在哪里"。不是我们不知道答案,而是这个问题似乎根本没有意义。真的没有意义吗?将大爆炸作为时间起点是广义相对论的预言,而不是观测到的事实。很难想象那时到底是什么样的,因为早期宇宙太热太密,就连光线都走不了太远——没跑多远就会撞上大量带电粒子,并和它们频繁地发生碰撞。因此,原初的宇宙就是黑漆漆一片。

我们对大爆炸时刻所知甚少。我们也无法很快得到令人信服的答案,因为难以得到当时的实验证据,所以当被问起大爆炸时刻发生了什么时,我

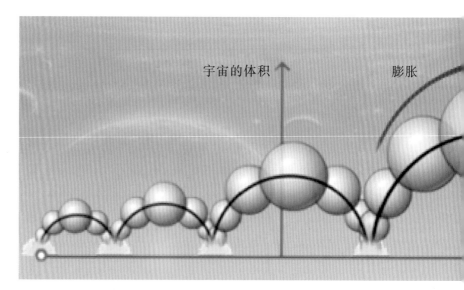

图 2.3　振荡宇宙示意图

们最好回答:"不知道。"

热大爆炸宇宙学说最让人难以理解的,就是它的起点——密度与温度都是无穷大的奇点。追求逻辑合理性与数学自洽性的物理学家很难理解为何整个宇宙来自一个时空奇点,因为在这个奇点上,所有的物理参量,如能量密度、温度都是无穷大的,而无穷大发散在数学上的描述是不自洽的。

为了解决这个恼人的奇点,一系列替代理论应运而生。

1. 被奇点诅咒的"孩子"——振荡宇宙

20世纪30年代,一群研究爱因斯坦引力理论的"狂热分子"给出了各种各样的宇宙学说,以描绘各种可能的宇宙演化过程。其中,美国引力学家理查德·托尔曼(Richard Tolman)指出,宇宙有可能是振荡的,它在演化过程中不断经历收缩和膨胀过程(图2.3)。然而,托尔曼在1934年的研究表明,宇宙的振荡周期会越来越长。倒推回过去,随着振荡周期越来越短,宇宙的最终宿命依然是大爆炸奇点。

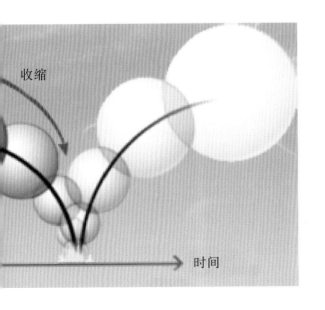

收缩

时间

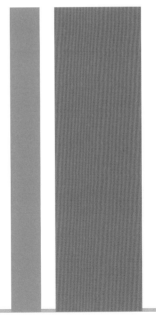

2. 见与不见,就在那里——火劫模型

理论物理学家们长年追随着爱因斯坦晚年提出的物理学终极梦想——大统一理论。其中,一类被称为弦论的学术观点逐渐盛行,特别是爱德华·威滕(Edward Witten)在1995年的一次弦论会议中提出的M理论。这一理论认为,空间不只是我们所熟悉的三维,还有更高的维度,只不过这些额外的空间维度都被卷曲了起来。在更高维度的时空下,我们的宇宙空间完全可以被看成一张三维的膜。

受这个疯狂观点启发,普林斯顿大学的保罗·斯坦哈特(Paul Steinhardt)和剑桥大学的尼尔·特洛克(Neil Turok)在2001年提出了一个新的循环宇宙模型:我们的膜宇宙会跟另一个几乎平行的膜宇宙在更高的时空维度上发生周期性碰撞(图2.4)。以三维空间的视角来看,每一次碰撞就是一次大爆炸,它创生了真实可见的世界。在这之后,膜宇宙会在远离对方的演化过程中,通过晚期的加速膨胀将过去的印迹洗刷干净,留下极为平坦的膜,为下一次碰撞做准备。因为在这个模型中,宇宙创生是周期性的,如同凤凰涅槃、浴火重生,所以提出者将其命名为火劫模型(Ekpyrotic Model)。

图 2.4　火劫模型

（图源：princeton.edu）

3. 弱水三千,只取一瓢饮——反弹学说

从一开始对大爆炸时空奇点束手无策到周而复始、无始无终的火劫模型,物理学家们取得了不小的理论进展。但这个模型毕竟只是一个假说,它面临着两大问题:一是如何利用合理的数学语言来精确刻画这个模型;二是这个模型如何真实地刻画我们的宇宙,并解释在这个宇宙中发生的一切,特别是我们人类所观测到的一切。

为了回答这些问题,宇宙学家们先将目光集中到只发生一次收缩和膨胀过程的宇宙学图像,并称之为反弹学说。构造这一图像的理论模型中,颇具代表性的有加拿大麦吉尔大学的罗伯特·布兰登伯格(Robert Bran-

图 2.5　反弹宇宙示意图

(图片授权:Gabriela Secara、圆周理论物理研究所　图源:phys.org)

denberger)教授与英国朴次茅斯大学的大卫·沃兹(David Wands)分别独立提出的物质反弹模型和本书作者蔡一夫在攻读博士期间与导师张新民教授提出的精灵反弹模型等。

　　这些模型都可以解决热大爆炸宇宙学说所面临的初始条件疑难。在这类模型中,大爆炸前的宇宙处于一个收缩过程,体积越来越小,直到某一时刻,宇宙收缩到了一个临界的极小值,然后反弹进入标准的大爆炸膨胀阶段(图2.5)。反弹学说不仅很好地继承了热大爆炸宇宙学说所取得的累累硕果,还让我们避开了那个会让所有物理理论失效的时空奇点,从而推动了热大爆炸宇宙学说更进一步地发展。

知识延伸：一场关于宇宙起源的争论

宇宙的时空起源是科学中最神秘和最具争议的问题之一。目前主流的学术观点认为，宇宙在极早期经历过一段被称为暴胀的极速膨胀时期，它发生在大爆炸后 10^{-36} 秒到 10^{-30} 秒之间。单位空间尺度在暴胀时期被放大约 10^{80} 倍，这相当于瞬间把基本粒子尺度的空间扩张到了整个太阳系的尺度。于是，本该存在于微观世界的量子涨落也被拉扯到了宏观尺度上，为大尺度结构的后期形成埋下了最原始的种子。换句话说，我们今天看到的星系、恒星、地球，乃至我们自己，都是由婴儿时期宇宙中的量子涨落演化而来。

来自普林斯顿大学和哈佛大学的科学家安娜·伊尧升（Anna Ijjas）、保罗·斯坦哈特（Paul Steinhardt）和亚伯拉罕·勒布（Abraham Loeb）则倡导了另一种观点——我们的宇宙并非创生于暴胀学说中的大爆炸奇点，而是从一场"火劫"中开启的（也就是我们刚刚介绍过的火劫模型）。根据这一观点，宇宙在大爆炸之前经历了一段收缩过程，并在收缩到一定程度时发生反弹，从而形成我们今天看到的宇宙。

双方在2016年针对暴胀学说是否可检验展开了一场争论，各自都摆出了理由和证据。关于这个问题，仁者见仁，智者见智。唯一可以肯定的是，我们目前对宇宙起源的了解还远远不够。年轻一代的宇宙学家应当以更开放的姿态认清当前理论存在的缺陷，为解决这些问题投入努力，并且对新观点进行探索。

2.2 黄金时代

20世纪40年代，苏联物理学家乔治·伽莫夫、美国物理学家拉尔夫·阿尔菲（Ralph Alpher）开展了宇宙原初时期的核合成研究工作，并拉德国物理学家汉斯·贝特（Hans Bethe）进入团队一起发表了热大爆炸元素合成的理论。他们将名字凑成三个希腊字母来命名这一理论——$\alpha\beta\gamma$ 理论。

这个理论解释了氢氦等质量最轻的元素如何在早期的宇宙中产生。之后,物理学家吉姆·皮布尔斯(James Peebles)成功利用核合成理论解释了宇宙中的氦元素丰度。

原初核合成(Big Bang Nucleosynthesis)的英文缩写是BBN,与大家喜爱的BBQ(烧烤)看上去很接近。它开始于大爆炸奇点发生后的第三分钟,当宇宙温度降至足以形成稳定的氢原子核和中子的重子产生过程之后,大约持续 20 分钟结束。这些微小粒子的相对丰度只需要结合热力学规律和宇宙的尺度膨胀效应即可简单计算出来。例如,若跟宇宙膨胀导致的背景温度变化速率相比较,核反应达到热平衡的时间过长,那么这个元素的丰度就会因为不稳定而随时间改变,直至达到热平衡。

结合热力学和宇宙膨胀效应带来的变动,我们可以计算宇宙早期的中子和氢核在数量上的相对比值。该数值明显倾向氢核,也就是说,氢核的数量远大于中子。这是因为中子的质量较大,导致它以大约 10 分钟的半衰期蜕变成质子,也就是氢核。

宇宙继续膨胀,温度也随之降低,由于自由中子和质子的稳定性不如氦核(^{4}He),所以氢核与中子相互结合并有逐渐合成为 ^{4}He 的趋向。然而,在形成 ^{4}He 之前必然要经历形成中间产物 ^{2}H 的过程。当核合成发生时,当时的宇宙温度会让粒子的平均能量略高于 ^{2}H 的束缚能,这意味着所有的 ^{2}H 在合成之后又会立刻被拆散,这一现象称为氘的形成瓶颈。因此,^{4}He 的形成会被大大延迟,直至宇宙的温度足够低,低至 ^{2}H 能够稳定。这一温度大约为 10 万电子伏特(10^9 ℃),这时候宇宙中的元素会突然暴增。

这一切在大爆炸后约 20 分钟内就结束了。图 2.6 直观表现了宇宙在极早期的核合成及其早期的历史。在这一切发生后,我们的宇宙太过"清凉"而使得进一步的核合成难以发生。因此,宇宙的元素丰度基本上被固定了下来,只有极少数原初核合成的放射性产物尚能继续蜕变,但贡献寥寥无几。于是,我们就可以推论出,通过原初核合成所产生的元素,在宇宙中以质量来表示的丰度大约为 75% 的氢、25% 的 ^4He、0.01% 的 ^2H,以及总量仅可供辨识的微量 Li,并且没有其他的重元素。这一结果与宇宙被观测到的质量最小的几种元素丰度的实验数据高度一致,被认为是热大爆炸宇宙学说最有力的证据之一。

图 2.7 所示为化学元素在宇宙中的产生与分布,不同的颜色代表着该元素在宇宙中产生的主要机制:蓝色表示元素来自大爆炸后的原初核合成;绿色表示元素来自小质量恒星;黄色表示元素来自大质量恒星;红色表示元素来自宇宙线;紫色表示元素来自中子星;灰白色表示元素来自白矮星;其余的元素来自人工合成。

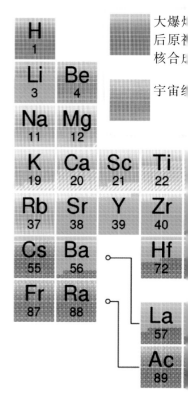

大爆炸
后原初
核合成

宇宙线

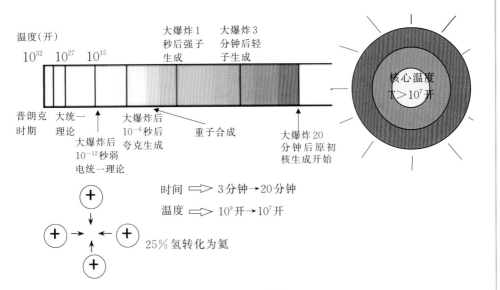

図 2.6　核合成

小质量
恒星

大质量
恒星

人工合成

中子星

白矮星

																	He 2
												B 5	C 6	N 7	O 8	F 9	Ne 10
												Al 13	Si 14	P 15	S 16	Cl 17	Ar 18
Mn 25	Fe 26	Co 27	Ni 28	Cu 29	Zn 30	Ga 31	Ge 32	As 33	Se 34	Br 35	Kr 36
Tc 43	Ru 44	Rh 45	Pd 46	Ag 47	Cd 48	In 49	Sn 50	Sb 51	Te 52	I 53	Xe 54
Re 75	Os 76	Ir 77	Pt 78	Au 79	Hg 80	Tl 81	Pb 82	Bi 83	Po 84	At 85	Rn 86
Nd 60	Pm 61	Sm 62	Eu 63	Gd 64	Tb 65	Dy 66	Ho 67	Er 68	Tm 69	Yb 70	Lu 71
U 92	Np 93	Pu 94	Am 95	Cm 96	Bk 97	Cf 98	Es 99	Fm 100	Md 101	No 102	Lr 103

图 2.7　化学元素在宇宙中的产生机制与分布

2.3 白银时代

宇宙经历了原初核合成过程之后的温度,虽然不足以触发进一步的核合成,但还是极高的。这就如同一个烤箱烘焙着箱内各种物质一般,烘焙温度可以通过烤箱内部的热辐射得知。具体而言,就是大量不同频率的光子辐射,与核合成结束后宇宙中充斥着的自由电子、质子、氦核之间不断地发生碰撞,并交换着能量。这些光子辐射的频率分布,就是黑体辐射谱,也是当时的宇宙存在温度的最好证据。

在这一历史时期,宇宙依然在膨胀,温度也依然在继续降低,宇宙中的粒子开始从以辐射为主的状态演化到以物质为主的状态。但此时的光子与带电粒子的"互动"(散射)依然频繁,这就导致了在宇宙初期由这些带电粒子所构成的、如同一锅浓粥一般的等离子体中,光子始终走不远,它们会频繁地散射开来。每一次散射都会改变光子的信息。因此,人类无法通过光学手段测量这一阶段的宇宙信息。

随着宇宙进一步冷却,到了发生大爆炸后38万年这一历史时刻,我们的宇宙发生了大事件:自由电子与带电的氢离子形成了稳定的中性氢原子。在这一阶段,宇宙中的光子在经历与电子最后一次碰撞之后,开始了自由穿梭的漫漫长路。于是,宇宙中的光子再也不用担心被任何带电粒子所约束,此刻的宇宙也顿时通透了。好事的宇宙学家们将这一历史时刻称为最后散射面。这些光子携带着与电子们的最后一次拥抱留下的物理信息,开始了长达138亿年的长途跋涉,一路上经历了宇宙膨胀导致的红移和物质分布带来的引力透镜偏移,最终被地球上的智慧生物悄然捕获。

这些风雨兼程的光子经历了宇宙膨胀的红移,尽管失去了与电子诀别时的频率,然而自认为能洞察一切的人类还是认出了它们沧桑的面容——一个背景温度为2.725开的黑体辐射谱。这就是宇宙微波背景(Cosmic Microwave Background,CMB)辐射。

让我们再次回到那个令人激动万分的20世纪60年代。美国贝尔实验室两位年轻的射电天文学家阿诺·彭齐亚斯(Arno Penzias)和罗伯特·威尔逊(Robert Wilson)意外地利用无线电波天线探测到了一个稳定且均匀的微波背景(CMB)信号,传闻中他们还清理过天线上的鸽子窝和鸟粪以期排除这个实验"噪声"。

CMB的发现在天文学的发展史上留下了浓重的一笔,它给了热大爆炸宇宙学说一个强有力的证据,并且与类星体、脉冲星、星际有机分子等天文发现一度被称为20世纪60年代天文学的"四大发现"。彭齐亚斯和威尔逊这两位幸运儿也于1978年被授予诺贝尔物理学奖,以表彰他们的重大发现。从此,在宇宙学的江湖上,各路英雄好汉纷纷摩拳擦掌,开始了针对探测CMB的理论与实验技术研究。

这里有必要提及一段很有意思但却被历史渐渐遗忘的插曲——真正意义上探测CMB的第一颗卫星实验,是于1983年发射的RELIKT-1卫星,它有效地验证了CMB黑体辐射谱并且探测到了大尺度范围可能存在一些各向异性的温度涨落。然而,随着苏联的解体和冷战的结束,动荡不安的时局导致了后续的实验计划相继流产,苏联的科学家们一向特立独行的科研风格也阻碍了该实验对国际宇宙学界产生影响。

后来,真正第一次揭开CMB神秘面纱的实验,是美国宇航局于1989年发射升空的宇宙背景探测者(Cosmic Background Explorer,COBE)卫星。三年后,轰动全世界的事件发生了:该科学团队首次宣布,除了高度检验CMB满足黑体辐射谱的形状以外,还存在一些各向异性的微小温度涨落。

COBE卫星实验取得了前所未有的巨大成功,不仅证实了热大爆炸宇宙学说的正确性,还在人类认知宇宙的视野中更进一步,它在背景温度为2.725开的黑体辐射谱平滑的曲线上发现了涨落幅度大约为10^{-5}开的温度涨落。十分有趣的是,发生在大爆炸后3分钟的原初核合成与宇宙诞生了38万年后形成的宇宙微波背景,逐一被天文观测所发现和验证,从而为人类了解宇宙在童年时期的成长过程提供了关键手段。而CMB谱上的这些微小的各向异性的温度涨落,则为我们认知宇宙在原初婴儿时代提供了一扇窗口。

在接下来的20多年间,美国宇航局的威尔金森微波各向异性探测器

(Wilkinson Microwave Anisotropy Prole, WMAP)卫星和欧洲空间局的普朗克(Planck)卫星相继发射升空。它们作为CMB实验的第二代和第三代旗帜,不仅令CMB天图分辨率显著提高,使得人类能够精确测量到这些温度涨落的多极矩阶数,也使得人类有胆量去接近大爆炸奇点这个物理理论的"禁区"(图2.8)。2006年,因COBE卫星实验的巨大成功,该项目的两位领头科学家乔治·斯穆特(George Smoot)和约翰·马瑟(John Mather)获得诺贝尔物理学奖。

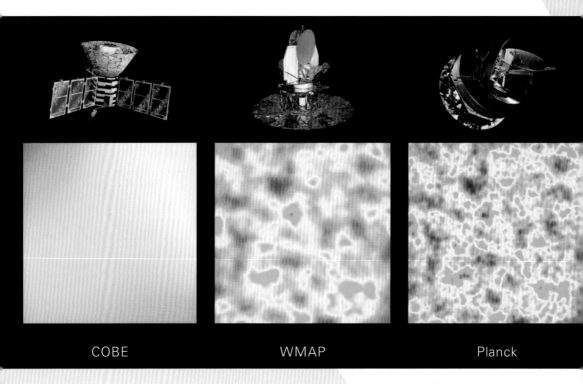

COBE   WMAP   Planck

图2.8　COBE、WMAP、Planck三代卫星实验的各向异性温度涨落CMB天图(局部)

(图片授权:美国宇航局、威尔金森微波各向异性探测器科学团队　图源:gsfc.nasa.gov)

通过对 CMB 的细致研究,物理学家发现,那时产生的光子不仅携带着黑体谱和温度涨落的信息,由于和电子发生汤姆孙散射,这些光子还产生了偏振状态。如果我们考察 CMB 天图中不同光子所携带的偏振信息,会发现它们在天图中形成了两种截然不同的图样:电场型的 E-模式和磁场型的 B-模式(图 2.9)。通过对天图中不同光子偏振态进行统计分析,我们就可以寻找这些不同的偏振模式。

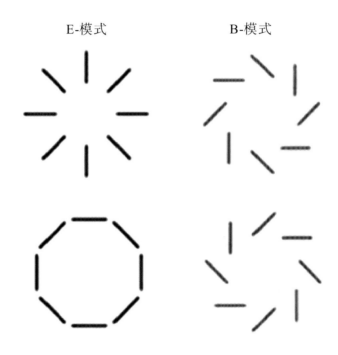

图 2.9　CMB 光子的两种偏振模式

宇宙学家在研究CMB的偏振涨落时发现,原初宇宙中的张量扰动,也就是原初引力波,可以直接导致CMB拥有B-模式的偏振信号。原初引力波是在极早期宇宙中,由于时空中的随机量子涨落被拉伸而产生的。它会在CMB中留下"脚印"。宇宙学家们曾试图利用WMAP与Planck等卫星实验得到的近15年数据,来重构出原初扰动甚至原初宇宙的模样。遗憾的是,截至目前,CMB中的原初B-模式偏振仍然没有被直接观测到。

虽然对原初引力波的探索困难重重,但宇宙学家们依然不懈努力,苦苦搜寻那些宝贵的原初B-模式偏振信号。因为卫星实验造价高昂,且运行寿命和搭载能力都在不同程度上受到了技术的约束,所以近年来研究人员转向性价比更高、维持运行期更长更稳定的地面CMB观测实验。迄今为止,已经建造和正在规划中的地面CMB观测实验,集中在智利天文台和美国南极极点科考站。

知识延伸:原初引力波乌龙事件

2014年3月17日,美国哈佛－史密松天体物理中心的科学家召开新闻发布会,公布了他们的一个"重大发现"。他们宣布利用位于南极的宇宙泛星系偏振背景成像(Background Imaging of Cosmological Extragalactic Polarization 2,BICEP2)望远镜,探测到了原初引力波的信号。然而,在经过近一年的数据核实后发现,这是个失误:发现的B-模式偏振并不是由原初引力波引起的,而是来自银河系星际尘埃的干扰。虽然大家对这个结果感到失望,但这次乌龙事件倒是让科学家们重视起了星际尘埃对实验结果造成的干扰。

遗憾的是,在北半球,原初引力波观测实验仍是一块空白。为了推进中国宇宙学在CMB领域的实验研究,中国科学院高能物理研究所的宇宙学团队牵头,联合了国内外多所顶级宇宙学研究单位,正在我国西藏阿里地区建造北半球首个CMB极化望远镜,即阿里原初引力波望远镜(Ali CMB Polarization Telescope,AliCPT)。

西藏阿里地区具有独特的地理条件,海拔高、大气稀薄、水汽含量低,又处于中纬度,观测天区大,并且具有较完善的基础设施,是北半球最好的原初引力波观测台址。AliCPT项目计划在阿里天文台海拔5250米处建成阿里一号望远镜,在北天区率先实现对原初引力波的探测。与此同时,该计划还会与南半球的CMB实验团队合作,形成一南一北的格局,对原初引力波观测进行全天区覆盖。

2.4 青铜时代

早期宇宙初期如同一锅浓粥,由大量带电粒子构成,其中并没有恒星。根据理论推算,第一代恒星形成于大爆炸后1亿～2亿年。由于特殊的形成环境,这些恒星的形成和性质都与后来的恒星很不一样。它们的质量非常大,但寿命却很短。

最早的恒星是如何形成的呢?早期宇宙中的物质分布相当均匀,只有微小的扰动。但这些扰动在引力的作用下慢慢长大,先形成较小尺度的结构,再形成大尺度结构。它们首先在引力作用下形成稳定的暗物质晕,但最先形成的小暗物质晕中无法吸积气体形成恒星,一直要到暗物质晕的质量超过某个值时,气体的压强无法平衡引力,才会被吸到暗物质晕里去。气体在坍缩进暗物质晕的过程中温度升高、压强增大,最终达到平衡状态。

刚进入暗物质晕中的气体密度远大于宇宙的平均密度,但还远小于形成恒星所需的密度。此后,如果气体可以通过辐射冷却,那么温度、压强就会降低,气体便会在引力的作用下进一步收缩。气体在坍缩过程中会碎裂成一些小块,最终形成星核。星核再逐渐吸积周围的气体,形成第一代恒星。恒星的质量取决于星核吸积气体的多少,一些研究表明,星核经过几千年的吸积后,最终形成的恒星可能有几十到几百个太阳那么重。

第一代恒星的观测非常困难。理论预言的第一代恒星寿命很短,所以直接观测它们是非常困难的。目前观测研究第一代恒星的方向主要有:

(1)在银河系或近邻星系中寻找金属丰度极低的恒星,这些恒星本身未必是第一代恒星,但可能是在仅仅被第一代恒星"污染"过的气体中形成的。因此,从其不同金属元素的含量可以推测第一代恒星的性质。

(2)第一代恒星可能产生强烈的伽马射线暴和超新星爆发,特别是正负电子对不稳定的超新星(Pair-instability Supernovae,PISN)爆发。因为PISN释放的能量极高,在地球参考系内观测到的持续时间也长,所以比较有可能被识别出来。

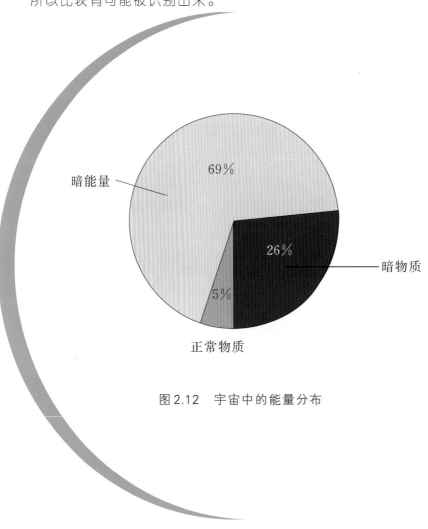

图2.12 宇宙中的能量分布

（3）2022 年发射升空的詹姆斯·韦伯太空望远镜（James-Webb Space Telescope）、30 米级的地面光学望远镜等可以观测再电离早期的星系，这些星系中可能有较高比例的第一代恒星。

（4）在低频射电波段，平方公里射电阵（Square Kilometre Array，SKA）的红移 21 厘米观测可以勾画出再电离的历史，这些信息也将帮助我们了解第一代恒星。

目前，科学家们主要是从理论上推测第一代恒星的形成过程和性质。这一过程非常复杂，涉及引力、流体动力学、化学、辐射转移等，必须依靠数值模拟。然而我们现在还不能全面、真实地模拟第一代恒星形成的整个过程，往往只能在简化后分阶段进行模拟。

总之，我们对第一代恒星的了解仍非常有限。

2.5　黑暗时代

说起来也许你不相信，宇宙演化至今，经历了那么多辉煌的时代，到最后，竟然进入了黑暗时代。在黑暗时代，宇宙仍然在加速膨胀。我们周围的星星都在加速远离。

之所以说黑暗，是因为这个时代的三大主角中，有一个姓"黑"——黑洞，剩下两个姓"暗"——暗物质和暗能量。我们前面介绍的所有庞然大物加起来，包括黑洞在内，也只在宇宙成分中占到 5%，但暗物质占了 26%，暗能量占了 69%（图 2.12）。对这一黑两暗，我们至今都不知道它们的庐山真面目，科学家只是基于一些证据做出了猜测。这些是接下来要讲的故事。

第3讲 未解之谜

为什么会存在暗物质和暗能量？暗物质和暗能量究竟是什么？我们对它们又有多少了解呢？

3.1 暗物质

在牛顿和爱因斯坦的引力理论中,有质量物体的引力强度与距离它的长度平方成反比关系。这意味着,围绕银河中心旋转的星体在越远的轨道上运行,所感应的引力也就越小,速度也会越小。

然而,20世纪70年代美国天文学家维拉·鲁宾(Vera Rubin)在长年累月的夜空观测下发现了星系旋转速度的"扁平化"现象(图3.1)。

半个多世纪以来,研究人员为此伤透了脑筋。为了解释观测到的现象,天文学家们假设在日常可见的星系和星系团背后隐藏着一大团"看不见"的物质,正是这种物质为星系中的星体带来了额外的引力作用,从而导致了星系旋转速度的"扁平化"现象。这种看不见的物质便被称为暗物质。根据多种天文实验的观测结果,结合宇宙学的理论模型,我们现在得知:在整个宇宙的构成中,暗物质的占比(26%)是可见物质(5%)的5倍多! 这意味着我们对宇宙知之甚少。

1. 暗物质究竟是什么

天文学家已经测出星系及其他天体被暗物质影响后的运动状态,大部分人相信,暗物质如同恒星、行星一般,是切实存在的。我们能够按图索骥地将它描绘出来。但是近10年以来,各种设计精

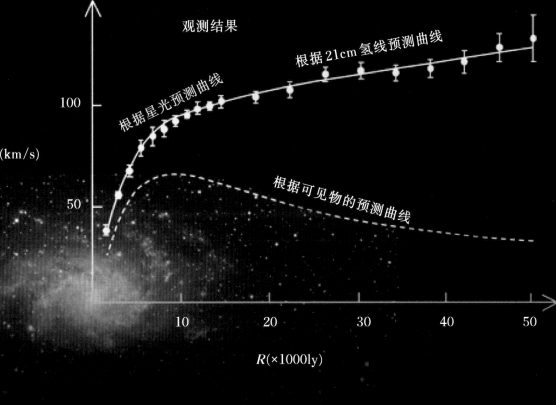

图3.1　星系旋转曲线

（图片授权:Stefania.deluca 图源:commons.wikimedia.org）

巧的实验都没能直接探测到暗物质:我们能看到它留下的蛛丝马迹,却并不知道暗物质究竟是什么。为了解决这个难题,天文学家们想出了很多种可能性,包括对应的探测方法。

（1）弱相互作用大质量粒子

弱相互作用大质量粒子(Weakly Interacting Massive Particle,WIMP)一直以来都被认为是暗物质粒子最有希望的候选者。这种粒子又胖又懒——体重比质子和中子都要大,还很少和其他物质互动。它之所以成为暗物质的热门候选者,主要是因为它可以被很好地放入主流的宇宙理论模型里。但是,WIMP是个"灵活"的胖子,各种设计精巧的实验都没有逮到它。这使得人们对WIMP的存在产生了怀疑。

（2）惰性中微子

中微子是质量极小的粒子,这种粒子像幽灵一般,可以穿过整个地球而不撞到任何东西。也许你无法想象,每秒钟穿过我们身体的太阳中微子数以亿计。

知识延伸:中微子小传

1930年,奥地利物理学家沃尔夫冈·泡利(Wolfgang Pauli)预言了中微子的存在。当时的实验发现,原子核在经历某种特殊的衰变时会释放出电子或正电子,并出现能量丢失。这部分能量要么是被衰变过程中逃跑的未知物质偷走了,要么就是消失了。而那时,其他的所有实验中都未曾出现过能量消失。有些物理学家认为,这代表能量守恒定律失效了,物理学理论亟待修复。但泡利坚持能量守恒原则不可打破,因而提出了中微子假说。他认为,"不可见"的中微子拥有能使衰变过程遵守能量守恒所需要的所有性质。"不可见"是指中微子在穿过物质时几乎不留下任何痕迹。

因为这个"不可见",科学家花了将近30年才在实验上首次找到中微子存在的证据。

时至今日,中微子已经是粒子世界中不可或缺的一员。它有三种"味道"。这个味道可不是我们平时说的酸甜苦辣咸,而是中微子的某种物理属性。不同味道的中微子之间可以相互转化,被称为中微子振荡。日本科学家梶田隆章(Takaaki Kajita)和加拿大科学家阿瑟·麦克唐纳(Arthur McDonald)因在实验中发现了中微子振荡现象而获得2015年诺贝尔物理学奖。

在2012年3月,中国的大亚湾中微子实验发现了第三种中微子振荡模式,并测量到其振荡频率(图3.2)。这一成果在全球科学界引起了热烈反响。引起轰动有以下几个原因:一是结果本身的重要性。为了测量这种振荡模式相关的参数(θ_{13}),全世界研究中微子的物理学家已经等了9年。虽然有实验发现了这个参数有可能不为零的迹象,但可靠程度不高,只有大亚湾的结果才能被称为"发现"。二是这个参数出人意料的大,几乎比预期大了10倍。这对中微子研究的下一步发展是一个大好消息。三是没有人预料到大亚湾实验会这么快、这么好地公布结果。同时,大亚湾实验对系统误差和本底的控制达到了非常高的水平。因此,这个实验项目毫无悬念地获得了2016年度国家自然科学一等奖。

图3.2　巨型水池中的中微子探测器

(图源:http://www.most.gov.cn/kjbgz/201109/t20110902_89439.html)

顾名思义,惰性中微子比一般的中微子还要懒惰,更不喜欢跟其他粒子打交道,以至于要想等到它与其他物质发生相互作用,需要花费与宇宙年龄相当的时间。如果惰性中微子就是暗物质的成分,那么想要探测它们更是难上加难。

（3）轴子

轴子是物理理论中一种假想的基本粒子，它的提出原本是为了解决理论中关于对称性的问题。不过科学家们马上意识到，这种粒子没有电荷、没有自旋、质量比WIMP小得多，与普通物质之间的相互作用可能更少，所有这些性质都使得它成为很有竞争力的暗物质粒子候选者。但也正因如此，它们更加难以寻找。研究人员从20世纪80年代起就着手进行轴子探测实验，和WIMP探测器一样，结果不容乐观。

（4）其他世界中的暗物质

宇宙中或许存在一个完全孤立的世界，就像爱丽丝仙境那般。那里拥有不同于这个世界的基本粒子，而暗物质就在其中。它们几乎不与我们发生相互作用，所以几乎毫无痕迹。虽然这个想法很浪漫，但是物理学家对探测到它们几乎不抱希望。

（5）额外维度中的暗物质

如果暗物质不是完全存在于另一个世界中，那么它或许就在实验没有探测到的额外维度中。这些维度对于我们来说过于微小，研究人员很难探测到其中的粒子运动。

（6）超流暗物质

普林斯顿大学的物理学家认为，在寒冷、高密度的环境下，暗物质会凝聚成超流体。有些特殊的流体可以模拟弯曲时空，扰动在其中的运动就像是在引力作用下一样。而在这种情况下，这些模拟的"引力场"就好比得到了修正，可以产生暗物质的效应。虽然这些理论非常有趣，但其中的一些细节，比如流体的起源，还尚未明确。

（7）复合暗物质

暗物质或许不是这些候选者中的任何一个，也或许包含不止一个。普通的物质由多种多样的粒子构成，每种粒子都有独特的性质和行为，而且相互之间有无数的组合方法。为什么暗物质就不能这样呢？

暗物质也可能有自己的夸克和胶子,它们之间发生相互作用构成暗物质重子和其他粒子,所以也有可能存在由多种粒子构成的暗物质原子。

知识延伸:搜寻暗物质的艰辛历史

　　◎ 美国南达科他州莱德市的地下约1609米深处大型地下氙探测器实验(LUX experiment)一无所获。

　　◎ 中国四川省锦屏山地下2400米岩层内的隧道中,粒子和天体物理氙探测器(Panda X)实验一无所获。

　　◎ 法国阿尔卑斯大区弗雷瑞斯附近的隧道中,地下1700米的EDEL-WEISS实验一无所获。

　　◎ 意大利的XENON1T研究团队于2018年5月28日公布了最新研究结果。历经一年多的搜索,这个世界上迄今最大、最灵敏的暗物质探测器,仍未发现任何暗物质的蛛丝马迹。

　　……

　　零收获的暗物质探测实验名单还在继续增加。

　　这些"零结果"将暗物质可能潜藏的空间限制得越来越小。85%的物质是我们现在所未知的。而最令人担心的是,情况可能会永远如此。

　　虽然大部分暗物质探测实验一无所获,但仍然有两个实验坚称,它们找到了暗物质的蛛丝马迹。由于种种原因,这两个实验的结果备受争议。它们可能是错的,但也值得仔细研究。即便确实是一无所获,也仍然说明了,在茫茫宇宙中寻找暗物质困难重重。

　　其中一条线索来自意大利北部山下一条1400米长隧道中的DAMA/LIBRA粒子探测器。它的主要任务是探测暗物质粒子散射晶体内的原子核发出的闪光。这台探测器已经收集了超过13年的数据,并且"看见"过一个非常特别的现象:粒子检测率随季节更替而起伏,在6月达到最高,在12月达到最低。

　　根据理论预言,暗物质会在银河系周围形成一片巨大的"云团"。整个太阳系都在这片云团中穿行,但是单个行星的速度不同,因为它们围绕太阳的轨道运动不同。地球相对"云团"的速度在6月达到最高,而在12月达到最低。这样就能够确定暗物质粒子穿过地球探测器的速率。

然而,情况并不像想象中的那样乐观。虽然DAMA探测到了非常显著的季节性变化,但是许多其他因素也会产生这种特点,比如地下水流、大气中其他粒子的数量等。根据最新统计,其他一些实验声称它们的结果和DAMA不符。确认DAMA结果可靠性的唯一方法就是用相同类型的探测器在不同的地点重复同样的实验。目前已有几个这样的实验正在筹备和进行中。其中一个将在南极开展,南极的季节变化与意大利大不相同,所以这个实验可以很好地独立检验DAMA的结果。

另一条线索来自间接实验。这些实验的目标不是暗物质粒子本身,而是它们碰撞、湮灭后产生的二级粒子。2008年,意大利和俄罗斯联合制造的PAMELA卫星(Payload for Antimatter/Matter Exploration and Light-nuclei Astrophysics)意外地观察到大量来自宇宙深处的正电子。后来,国际空间站上的阿尔法磁谱仪(Alpha Magnetic Spectrometer)也确认了这项观察结果。与此同时,费米卫星(Fermi Satellite)报告观测到自银河系中心发出的伽马射线束。它的形状正好符合我们对暗物质的预期:关于银河系中心呈球面对称,越靠近中心,强度越大。

这完美得让人不敢相信!但美中不足的是,观测到的正电子和伽马射线也可能都源自快速旋转的中子星——毫秒脉冲星。理论研究对源自暗物质候选粒子的正电子特征做出了预言,但观测到的正电子特征与预言并不相符,所以物理学家需要检查观测到的正电子是否来自中子星所在的方向。而伽马射线的波动则表明它们可能来自银河系中心周围的许多微弱、未知的脉冲星源。此外,如果这些伽马射线来自暗物质,天文学家应该能够检测到附近的小型矮星系发出的类似信号。这些矮星系拥有的暗物质要比银河系多得多。遗憾的是,我们并没有探测到这样的信号。

这两条线索都没能提供强有力的证据,宇宙把新物理藏在一个我们找不到的地方。虽然我们在寻找WIMP的大业中尚未智穷技尽,但实验发展的空间是有限的。探测器在对暗物质越来越敏感的同时,也会对其他粒子更加敏感,所以提高精确度未必能将两者区分开来。按照现在的前进步伐,在10年之内,探测器就将难以区分暗物质粒子、太阳发出的中微子和宇宙射线撞击地球大气层时发出的中微子。

不过那时,我们仍然能够诉诸间接的探测方法。其中最有希望的一个就是切伦科夫望远镜阵列(Cherenkov Telescope Array)。这个阵列由分布在智利和拉帕尔马岛的100多架望远镜组成,它们的目标之一就是寻找星系中暗物质粒子湮灭时产生的伽马射线。然而,这项研究终将碰上一大难题——成本。暗物质探测器是目前大型物理实验中最经济的一类,但是如果我们持续扩大它们的规模,提高灵敏度和复杂度,那么它们也将加入大型强子对撞机(Large Hadron Collider,LHC,成本超过70亿美元)、韦伯太空望远镜(成本超过100亿美元)等烧钱猛兽的队伍。况且,暗物质探测实验能否成功还不好说,这就很难打动资助者。

发现暗物质粒子的最强工具也许会是新的粒子对撞机。物理学家计划在大约30年后建造一个能量7倍于LHC的对撞机。参考LHC的造价进行粗略估计,新对撞机将耗费250亿美元。考虑到这笔花销由多个国家共同承担,并且对撞机的建造时间长达数十年,这也许是可以接受的,但这可能已经达到了极限。如果那时我们依旧一无所获,那么即使物理学家拥有无尽的资源,能建造更大的探测器,也将于事无补。

尽管我们付出种种艰辛的努力,但结局未必美好——我们可能不会发现任何暗物质粒子的信号。也许,暗物质根本就不存在。我们试图修正爱因斯坦的引力理论——广义相对论来抛弃暗物质,但迄今为止,这个理论完美地通过了各种实验检验。2016年特别值得一提的是,激光干涉引力波天文台(Laser Interferometer Gravitational-Wave Observatrory,LIGO)探测到的引力波信号又一次支持了广义相对论。因此,它的另一个预言——暗物质的存在,也将难以被推翻。

正因如此,现在仍有探测器在执着地搜寻着暗物质。比如中国的"悟空"卫星项目、四川省锦屏山地下的"熊猫计划"、华人科学家丁肇中主持的美国AMS-02(阿尔法磁谱仪)项目、美国的LUX探测器等。

知识延伸：悟空看到了什么

中国科学院暗物质粒子探测卫星"悟空"是一个高能粒子探测器，于2015年12月17日发射成功（图3.3）。"悟空"通过探测高能宇宙射线粒子，来寻找暗物质湮灭或衰变后留下的蛛丝马迹。因为"悟空"擅长准确测量高能电子、伽马射线的能量，以及区分不同种类粒子，所以在搜寻暗物质粒子时具有得天独厚的优势。

"悟空"上天两年之后,2017年11月30日,《自然》杂志在线发表"悟空"的首批探测成果:"悟空"卫星的科研人员成功获得了目前世界上最精确的高能电子宇宙线能谱。其中的数据表明,有可能存在"质量为1.4万亿电子伏左右的新物理粒子"。科学家推测,它可能就是人们长期以来寻找的暗物质!但是这些数据点在统计上的置信度并没有达到物理领域的"发现"要求。距离真正地发现,"悟空"还有很长的路要走。

图3.3 "悟空"探测卫星

("悟空"首席科学家常进提供图片)

知识延伸:"熊猫"的曲折成长路

　　"熊猫计划",也就是Panda X暗物质实验,是首个大型暗物质地下直接探测实验。实验室位于四川凉山彝族自治州的一条隧道中,深埋于锦屏山下。虽然地处偏僻,但"熊猫"使用的探测器是全世界运行中最大的暗物质探测器,灵敏度也最高(图3.4)。它采取"守株待兔"的方式,探测弥散在地球周围的难以计数的暗物质粒子可能碰撞到氙原子而产生的微弱信号。

图3.4　Panda X
(Panda X暗物质实验合作组发言人
刘江来提供图片)

襁褓中的"熊猫"在2012年到达中国锦屏地下实验室,在它的成长过程中,遇到过泥石流灾害、泄漏事故、信号干扰等,可谓多难多灾。但是在科研人员不懈地努力下,它一次又一次挺了过来。2016年7月21日,实验负责人季向东博士在英国举行的国际暗物质大会上正式公布了Panda X二期实验的第一个物理结果,对可能的暗物质候选对象做出了当时最强的限制。之后,经过又一轮"打怪"升级的"熊猫"在2017年8月8日公布了新结果,它再次超越国际竞争者,取得了世界领先的灵敏度。

2. 质疑暗物质的猜想

　　2016年11月,荷兰理论物理学家埃里克·弗林德(Erik Verlinde)在预印本上发表了一篇长达51页的论文。他认为,我们看到的所谓暗物质效应只不过是引力作为"熵力"所带来的一个副产物。这篇极具争议的文章一经面世,就如同一枚重磅炸弹在物理界中炸开了锅。多年来大家魂牵梦萦的暗物质粒子或许并不存在?

　　那么,为什么"熵力"会带来对暗物质的质疑呢?

　　这要从广义相对论说起。一方面,如果要在广义相对论的框架下解释众多的宇宙学观测,我们需要引入未知的暗物质和暗能量;另一方面,从理论自洽性上讲,广义相对论和现代物理的另一大支柱——量子力学在最基础的层面上存在不可调和的矛盾。这让人们相信,应该存在更为基本的量子引力理论来描述宇宙万物。

　　20世纪70年代,随着雅各布·贝肯斯坦(Jacob Bekenstein)和史蒂芬·霍金(Stephen Hawking)对黑洞热力学的研究,上述两大理论的冲突清晰地展现了出来。

　　通常,物理学家用"熵"来表示系统的混乱程度,传统理论当中,这个物理量跟整个系统的微观状态数有关系,所以被认为是正比于系统的体积。然而,贝肯斯坦和霍金通过理论计算发现,黑洞系统的熵却需要正比于黑洞视界的表面积,如此才能够满足放诸四海而皆准的热力学第二定律——一个孤立系统的总熵不会减小(也称为熵增定律)。

上述被称为"面积定律"的理论发现指引了接下来数十年关于量子引力的研究,并直接导致了后来"全息原理"的提出。该原理声称,一个物理系统内的信息原则上可以由它的边界上的自由度完全描述。这个原理最初由荷兰物理学家杰拉德·特霍夫特(Gerard't Hooft)提出,之后被弦理论家们发扬光大,它被视为量子引力理论的一个重要性质。

也正是基于这一原理,现在很多物理学家认为,引力的全息性可能适用于整个宇宙。如果这个猜想是正确的,那么就意味着我们生活的三维宇宙其实是它二维边界上的全息屏的投影!

弗林德关于"引力是熵力"的观点,其实正是基于"全息原理"发展起来的。最新的理论发展试图告诉我们:引力和时空本身也许是在宏观尺度上的一种涌现现象(Emergent Phenomena),而其微观起源可能是量子态之间的纠缠效应。

在理论物理学家的辛勤努力之下,引力的全息性和相应的量子纠缠解释已经在一类被称作反德西特(Anti-de Sitter,AdS)时空的结构中得到了充分体现。然而,这类时空仅仅是理论学家们假设出来的,在真实的宇宙中并没有发现其存在的迹象。现有的理论和实践告诉我们:我们真实生活中的宇宙类似于德西特时空(de Sitter,dS)。

弗林德还认为,与反德西特时空不同,静态的"全息原理"和对应的严格"面积定律"并不完全适用于德西特时空,这是因为真实的宇宙是动态演化的,相应的宇宙学视界(Cosmological Horizon)会随时间变化,于是就会导致存在着与此相关的额外的熵贡献。

如果这类熵的贡献在整个宇宙空间可以均匀分布的话,那么它将在原来的"面积定律"上带来一个正比于体积的修正项。而这一修正项的贡献,在星系尺度上将改写牛顿的万有引力定律。在此基础上,我们不需要假设暗物质的存在,仅通过普通物质和弗林德修改后的引力公式就可以解释星系旋转曲线的观测结果。

换句话说,普通物质和暗能量的相互作用恰好产生了暗物质存在的假象。

解释星系旋转曲线只是弗林德的引力理论万里长征的第一步。正所谓"万理皆有一测",一个合理的理论需要接受各种实验观测的检验,这当然包括解释暗物质存在的其他观测证据。在弗林德的文章发表后不久,来自荷兰莱顿大学的博士研究生玛格特·布劳威尔(Margot Brouwer)及其导师库恩·库伊肯(Koen Kuijken)率领的天文学家团队利用弱引力透镜效应对该理论进行了第一次检验。

光在引力场附近经过时会像通过透镜一样发生弯曲,所以我们可以通过观测星体光线的偏折来探测引力场的质量分布。而弱引力透镜主要关注的则是星系尺度上光线偏折的情况,它通常被认为是测量暗物质的最佳手段。

在用统计方法分析了3万多个星系间的物质分布之后,研究团队发现,弗林德的引力理论能够正确预测来自星系的光所发生的引力透镜效应。随后,他们又进一步比较了暗物质理论和弗林德的引力理论在弱引力透镜效应上的细微差异。结果显示,目前的观测数据非常微弱地偏向于最好的暗物质模型。然而,玛格特同时指出,这个暗物质模型需要四个自由参数来拟合观测数据。相比之下,弗林德的引力理论却不依赖任何自由参数就能给出相似的预言。

那么,究竟谁才是正确的? 我们现在还不能给出定论,但相信未来更多的实验观测会给出更明确的答案。

然而,星系旋转曲线和引力透镜效应还远远不能满足人们对一个新的引力理论的期待。弗林德的引力理论需要一定的假设条件,才能通过类比的方法来写下部分运动方程。这使得弗林德的理论模型对暗物质动力学性质的描述并不够精确。

弗林德的另一个"罩门"就是所谓的子弹星系团簇(Bullet Cluster)——波澜壮阔的两个星系团相撞过程。

天文学家用光学方法观测到两个星系团重子物质(气体)的质量位置,同时又用引力透镜方法测量了星系团总质量的中心位置,结果发现两者并不重合。最直观的解释是,在两个星系团相撞期间,暗物质只参与了引力作用,而可见物质之间发生了摩擦碰撞,于是可见物质滞留在暗物质后面,使得两者的质心出现偏离。显然,缺乏动力学演化的弗林德的引力理论目前还无法解释上述观测事实。

此外,弗林德还需要思考如何解释宇宙微波背景辐射(CMB)以及宇宙大尺度结构演化中的重子声波振荡,这一效应也通常被认为是暗物质所留下的观测印记。CMB提供了宇宙在婴儿时期的一张快照,宇宙学家相信如果暗物质是粒子,那么其质量会发生引力相吸,然后由于粒子本性会发生弹性碰撞,从而在CMB温度功率谱上留下一系列特有的"峰"和"谷"等观测印记。

这些现象都已被一系列天文实验以很高的精度测量过,并在暗物质粒子模型中得到了极佳的理论解释。因此,若弗林德的理论模型想要满足更多的期待,则需要对这些天文现象给出至少同样成功的解释。在这一点上,弗林德的理论模型才刚刚开了一个头,后面的路还很长。

3.2 暗能量

宇宙每分每秒都在膨胀,星系相互远离,星系团之间也渐行渐远,就连空无一物的星际空间都越来越浩渺。1998年,亚当·里斯(Adam Riess)和布赖恩·施密特(Brian Schmidt)共同领导的小组通过测量遥远的超新星爆发,发现了宇宙正在加速膨胀。这就好比你将一枚铅球抛向空中,正等待它回落时,却发现它以越来越快的速度飞出去,好像宇宙中存在一种能够抗衡万有引力的黑暗力量将铅球推开。物理学家将这只"黑手"称为暗能量,在对它进行了这么多年的研究之后,暗能量的本质仍然和刚发现时一样难以捉摸。

暗能量在宇宙组成中占比约为69%,它与暗物质一起,主宰着今天的宇宙。暗能量努力将星系推开并使得宇宙愈加平坦,而暗物质则努力将星系吸引起来形成璀璨繁星的大尺度结构。两者的完美合作造就了波澜壮阔的宇宙图景。

此外,暗能量的本质关乎宇宙的命运。我们的宇宙将永远加速膨胀下去？还是有可能重新坍缩回大爆炸奇点？或者,难以想象的超加速膨胀会将整个宇宙撕裂？不同的暗能量模型预言了不同的宇宙宿命(图3.5)。

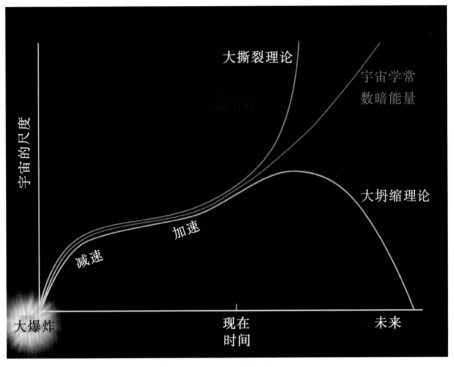

图3.5　宇宙的不同宿命

　　科学家对暗能量提出了各种猜想。其中,宇宙学常数引起了广泛关注。这是爱因斯坦在提出广义相对论后,为了得到一个不膨胀也不收缩的静态宇宙,手动加进来抵消物质之间相互吸引的。后来,哈勃发现宇宙在膨胀,于是爱因斯坦就放弃了这个常数,并认为这是他"一生中最大的错误"。宇宙加速膨胀的发现让这个常数再次回归到人们的视线当中,并被当作暗能量的有力候选者。

　　另外,科学家发现在量子理论中的真空不是真的"空",而是携带能量的,而这个真空能恰好给出宇宙学常数,但理论预期值却比天文观测值大了120个数量级。这一巨大冲突,也就是著名的宇宙学常数问题。

　　科学家们正在努力提高暗能量的测量精度。暗能量巡天(Dark Energy Survey,DES)项目已经在2013年启动,大型综合巡天望远镜(Large Synoptic Survey Telescope,LSST)预计将在不久的将来投入运行,这些新项目将搜集更多有关宇宙中大尺度结构和宇宙膨胀历史的信息。美国宇航局的广视场红外巡天望远镜及天体物理专用设备(WFIRST-AFTA)预计将于21世纪20年代中期发射。作为一台2.4米口径的空间望远镜,它有望观测到遥远的超新星和重子声学振荡,以及引力透镜现象。欧洲航天局(ESA)的欧几里得空间计划(Euclid Space Mission)也将发射欧几里得望远镜,目标同样包括引力透镜和重子声学振荡,同时它将通过红移测量星系距离,以确定宇宙中星系团的三维分布。

在暗能量的实验测量方面,中国科学家付出多年投入并取得了一定进展。通过深入调研国际发展趋势并结合国情,中国科学家于2008年完成了"上天入地到南极"的路线图制定。其中,"上天入地"是指暗物质方面的实验,"到南极"是指在南极昆仑站建设大型天文望远镜来探测暗能量。其他暗能量探测则包括中性氢巡天、天籁计划、500米口径球面射电望远镜、空间站大规模无缝光谱和光学巡天、郭守敬望远镜等。此外,中国也积极开展暗能量科学的国际合作,加入了斯隆数字巡天四期(图3.6)、暗能量光谱巡天、大尺度光学巡天等国际项目,力图通过天文观测来探索暗能量的物理本质。

知识延伸:eBOSS项目——星系际"人口普查"

北京时间2017年5月19日,世界最大星系巡天eBOSS国际科技计划合作组织发布了最新科学成果:eBOSS合作组通过观测距离我们68亿～105亿光年之间宇宙深处类星体的空间分布,绘制出宇宙大尺度结构3D图,并且发现了显著的重子声波振荡信号。结合其他观测结果,宇宙大尺度结构星系巡天在6.5个标准差水平上证实了暗能量的存在。这是人类首次成功利用遥远的类星体探测宇宙的膨胀历史。

1. 巡天项目 eBOSS

eBOSS是斯隆数字巡天第四阶段(SDSS-IV)的三个巡天项目之一。SDSS是迄今为止最大规模的星系图像和光谱巡天项目。自2000年运行以来,它绘制了全天四分之一星空的天图,并且进行了详细的星系际"人口

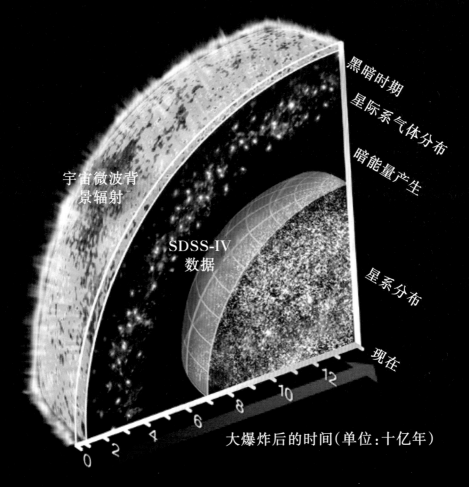

宇宙微波背景辐射

黑暗时期

星际系气体分布

暗能量产生

SDSS-IV 数据

星系分布

现在

12

10

8

6

4

2

0

大爆炸后的时间(单位:十亿年)

图 3.6 斯隆数字巡天第四阶段

(图片授权:Dana Berry、SkyWorks 数字公司、斯隆数字巡天项目 图源:sdss.org)

普查":获得超过 100 万星系、类星体和恒星的光学光谱数据。SDSS-IV 于 2014 年 7 月 15 日正式启动运行,其中 eBOSS 子项目的目标是精确测量宇宙的膨胀历史,提高对暗能量的测量能力。具体而言,eBOSS 将绘制宇宙诞生 30 亿~80 亿年间星系和类星体的分布图,填补现有宇宙结构分布 3D 图在该时段的空白。根据这张 3D 图,再加上重子声波振荡,研究人员便能对暗能量进行限制。

国家天文台赵公博研究员自2015年起担任eBOSS国际合作组星系成团性工作组联合组长。2015年至今,他领导工作组按计划顺利完成了类星体巡天观测和数据处理,以及暗能量等宇宙学前沿问题研究。

2. 来自宇宙深处的光芒

为什么eBOSS将类星体列为观测目标? 类星体是迄今为止人类所观测到的最遥远的天体。它们的亮度极高,这源于类星体中心存在的超大质量黑洞。随着物质和能量落入黑洞,类星体便开始发光发热,在地球上利用直径2.5米的望远镜(斯隆望远镜)就能够看得到,所以类星体就成为巡天观测的理想目标。由于这些类星体非常遥远,它们发出的光线得花相当长的时间才能到达地球,我们通过这些类星体的光线能够看到宇宙在30亿~70亿岁时的样子——那时的宇宙还非常年轻。

eBOSS项目启动以来,研究人员通过观测确定了147000多颗类星体的3D位置。平日里仰望星空时,我们只能看到星星在天空中的位置(2D),却不知道它们距离我们有多远。对于类星体这样遥远的天体而言,它的距离可以通过红移来确定。由于我们的宇宙在膨胀,距离越远的天体离开我们的速度也越快。根据多普勒效应,这些天体发出的光的频率就会变低。简单地说,越远的天体就越红。由于天体的光谱具有一定的特征,我们通过测量红移便能知道天体的距离,得到类星体的3D位置。eBOSS的最新成果之一便是首次完全利用类星体的位置信息绘制出宇宙大尺度结构3D图(图3.7)。

观测者到星系和类星体的距离以回溯时间(Lookback Time)标注。回溯时间表示从遥远天体发出的光到达观测者所经历的时间。图中红点表示类星体(拥有超大质量黑洞的星系)的坐标位置,黄色点对应斯隆数字化巡天(SDSS)观测到的近邻星系。右边缘对应可观测宇宙的极限,从中可以看到大爆炸之后留下的宇宙微波背景。类星体和可观测宇宙边缘的中间黑色区域称作黑暗时期,表示大部分的恒星、星系或类星体还未形成的时期。

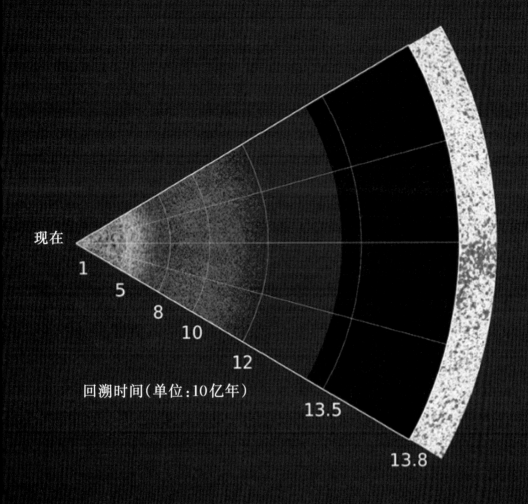

现在

1
5
8
10
12

回溯时间(单位:10亿年)

13.5

13.8

图3.7　宇宙三维图像切片图

(图片作者:Anand Raichoor、斯隆数字巡天项目　图源:sdss.org)

3. 聆听太古之初的"声音"

想要知道宇宙的膨胀历史,光有这张3D图还不够,研究人员还需要借助重子声波振荡(Baryon Acoustic Oscillations,BAO)。

早期宇宙中充满高温高密度的等离子体,这里的"重子"指的就是等离子体中的离子(包含质子和中子)。总体上看,等离子体的分布是均匀的,但是从局部来看,有些地方的密度会略高一点,而另一些地方的密度则略低,专业术语为密度涨落。密度涨落会在等离子体中以波的形式传播,产生重子声波振荡。之所以称为"声波振荡",是因为这种波的传播方式和声波非常类似。

在宇宙 38 万岁时,这些声波被冻结住,我们可以从宇宙微波背景中看到早期的 BAO 信号。而通过宇宙大尺度结构 3D 图,我们能够得到现在的 BAO 信号。通过比较 BAO 信号发生的变化,研究人员便能推断出宇宙的膨胀历史,进而对暗能量做出测量——这次的结果在 6.5 个标准差水平上证实了暗能量的存在!继超新星、宇宙微波背景辐射之后,BAO 成为暗能量存在的又一个独立证据。

此外,由于这张 3D 图是完全利用类星体的位置信息绘制而成的,从中看到的 BAO 信号便是根据类星体的分布发现的,这和以往利用星系进行的 BAO 信号测量形成互补。这些结果都表明:爱因斯坦的广义相对论,以及建立在此基础之上的宇宙学标准模型都和实验观测符合得非常好。

3.3 黑洞

黑洞是宇宙间极为贪婪的"怪物",附近的物体无论大小都会被它吞入腹中,就连跑得最快的光子也逃不掉,"黑洞"这个名字便由此而来。

黑洞的来历可不简单。1915 年,爱因斯坦提出了刻画引力物理的广义相对论,随后,物理学家们在这一理论中得出了一系列有趣的时空解,其中一个就是黑洞。长期以来,黑洞被视为大多数恒星的最终归宿,但偶然的发现使它成为理论发展强有力的推进剂。

1. 黑洞到底有多黑

20 世纪 60 年代,物理学家们开始注意到,黑洞不仅仅是天体中恒星燃烧殆尽后的退休状态,在形成黑洞的过程中,有关原来星体的各种性质信息似乎都被黑洞吞噬了。这就是黑洞的"无毛定理"。不过,每个黑洞还是留下了三根"毛"用以与其他黑洞相区分,它们分别是质量、角动量和电荷(图3.8),但这些显然不足以告诉我们黑洞的前世如何。

由于广义相对论预言的黑洞能吃掉所有靠近它的物质，而不会有任何漏网之鱼，就连光线也无法幸免，科学家们一直以来都认为黑洞的温度为零。但到了1972年，普林斯顿大学年轻的研究生雅各布·贝肯斯坦却开了一个大大的脑洞。他提出可以给黑洞定义一个有限的熵（一个表征体系混乱程度的物理量），这样就能在黑洞视界（简单来说，视界就是黑洞的边界，物体一旦落入视界，便无法再逃脱）附近定义温度。这显然与经典理论相违背，因为热力学定律主张，温度非零的物体都会有辐射，但在当时，所有人都确信黑洞"只吞不吐"。

到了1974年，霍金得到了一个乍一看非常荒唐的结果：黑洞似乎可以辐射出各种物质粒子。尽管他曾想尽手段来消除这一"谬论"，但在发现这的确是一个理论上存在的效应后，霍金决定接受它。这就是举世闻名的"霍金辐射"。

霍金辐射究竟是怎么回事呢？根据量子场论，所谓的"真空"并不是空无一物，而是到处充斥着"各种虚粒子对突然冒出又迅速湮灭"的过程。霍金指出，黑洞视界附近产生的这种虚粒子对，如果其中带负能量的粒子被黑洞吸收了，那么它将会中和掉一部分黑洞的质量，而原本与之相伴的正能量粒子就会远走高飞，逃逸到宇宙空间中（图3.9）。还有一种过程就是正反粒子对从真空中产生，其中的正粒子通过隧穿效应从黑洞视界逃了出来，也能形成霍金辐射。

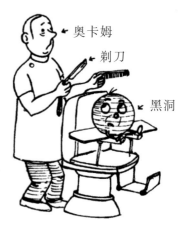

图3.8　黑洞的奥卡姆剃刀
（图源：thewire.in）

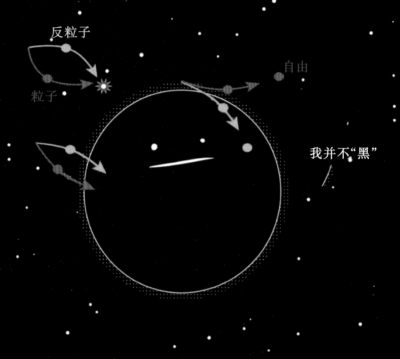

图3.9 霍金辐射示意图

　　这就好似黑洞在不断损失质量来蒸发出辐射粒子。如此一来,物理学家们就能像贝肯斯坦所建议的那样来定义一个黑洞熵,并给出一个"霍金温度"。鉴于两人的突出贡献,黑洞熵也被命名为贝肯斯坦-霍金熵。霍金甚至希望自己的墓碑能刻上黑洞熵公式

$$S=\frac{Akc^3}{4Gh}$$

但实际上他未能如愿,取而代之的是霍金辐射温度公式(图3.10)。黑洞熵公式很微妙:k是热力学的玻尔兹曼常数,c是在狭义相对论中扮演最重要角色的光速,G是主导引力的牛顿常数,h是量子力学的常数,而A是黑洞的面积,是个几何量。

这些物理量微妙地聚合在一起,仿佛暗示着它们之间藏有更深层次的联系。霍金辐射直接将相对论、热力学和量子理论糅合在了一起,点炸了一个理论物理学界的火药桶,使得黑洞成为现代物理学两大支柱的撞车现场,也成为各种量子引力理论的绝佳实验室。

霍金辐射温度公式中除了以上提到的一些常数以外,M代表黑洞的质量。由此可以看出,霍金辐射的温度与质量成反比,质量越小,温度越高,辐射越剧烈,所以微小的黑洞在瞬间就会蒸发掉。

图 3.10　霍金的墓碑和霍金辐射温度公式

（图源:Cambridge News）

2. 信息去哪儿了

黑洞能够吸收任何落入其视界的物质,但霍金辐射却说,黑洞在吸收物质的同时也会向外发射粒子。那么,假设我们将一本物理书扔进黑洞,书上的信息会随之消失于世吗?

霍金在1976年表示,落入黑洞的物质的信息不会对黑洞辐射的信息有任何影响!也就是说,物理书在进入黑洞视界后,它的信息就丢失了。因为信息丢失在量子力学中是被禁止的,所以霍金认为量子理论必须得到修正。

但很多科学家当时并不赞同这种观点,他们认为霍金错把黑洞辐射信息的不确定当成了信息的丢失。在诺贝尔物理学奖得主、荷兰乌特勒支大学的特霍夫特工作的基础上,斯坦福大学的萨斯坎德(Susskind)、索尔拉休斯(Thorlacius)和格卢姆(Uglum)提出了一种新的相对性原理作为解决方案。该原理又称为黑洞互补性原理。

在这种情况下,物理书在落向黑洞视界的时候,下落速度会越来越快直至逼近光速。根据相对论,在黑洞外扔书的人会发现,那本书几乎在黑洞视界处停了下来,并且被压得很扁。因为霍金辐射效应,这本书中的信息最终会以粒子辐射的形式再次被我们接收到,所以信息一直都在黑洞外面。但广义相对论也预言了,随着物理书一起落向黑洞的蛀书虫(图3.11),在越过黑洞视界的时候并不会感受到任何异常,直至落到奇点上,它会发现信息全都在黑洞视界内部。这并不矛盾,因为视界内的观测者无法向外界传递信息。换句话说,信息在视界内外是分别守恒的。

另一种解决方案来自普林斯顿高等研究院的胡安·马尔达西那(Juan Maldacena)教授。他在1997年研究黑洞熵和信息丢失等问题

图3.11 落向黑洞的书和蛀书虫

时,提出了一种AdS/CFT对偶性,又叫全息对偶。这种对偶性表明,一个以弦论为基础的量子引力理论,在特定的条件下等价于普通的量子理论。量子论有一大前提是量子态随时间的演化必须满足幺正性,由此给出的推论就是任何量子态携带的信息都不可能被抹杀。

在AdS/CFT对偶下,黑洞的量子理论等价于反德西特空间(曲率为负值的空间)边界上粒子的量子理论,因而必然满足幺正性,从一定程度上解决了信息丢失问题。AdS/CFT也被认为是目前最接近统一广义相对论和量子场论的理论,马尔达西那最初发表的那篇文章截至2021年底已经被引用了16000余次。

3. 三个玩具模型

AdS/CFT对偶和黑洞互补性原理看起来已经解决了黑洞信息悖论,但在一些细节上还是会出现问题。21世纪以来,物理学家们依旧在持续关注这一领域,并陆陆续续地提出了一些理论模型来予以解释,其中比较著名的就是毛球(Fuzzball)模型(图3.12)、火墙(Firewall)模型和软毛(Soft Hair)模型。

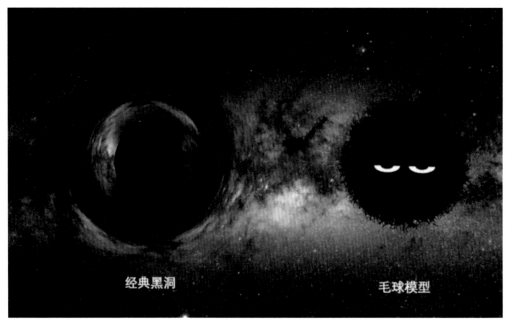

图3.12　有奇点的经典黑洞和毛球模型

（1）毛球模型

2002年,俄亥俄州立大学的马图尔(Mathur)提出,黑洞可能是一个由一坨超弦缠绕出来的毛球,黑洞视界是外部经典几何和内部量子世界的过渡区。经典黑洞的黑洞视界是有明确界限的,而这种模型中的黑洞在对应的边界上是模糊不清的,就像毛茸茸的网球表面一样,所以被称为毛球模型。

在这种奇异的模型中,所有落入黑洞的弦都成了毛球的组分,其携带的信息也就被保留了下来,所以毛球模型便不存在信息丢失的问题。

（2）火墙模型

约瑟夫·波尔钦斯基（Joseph Polchinski）与其合作者于2012年提出了黑洞视界是一堵"火墙"的观点。他们发现，在考虑量子纠缠的情况下，会出现 AdS/CFT 和黑洞互补性原理都解决不了的疑难。假设有一对霍金辐射粒子 A 和 B，它们携带信息且相互纠缠，A 在视界内，B 被辐射到宇宙空间中。若信息没有丢失，B 会进入一个确定的量子态，那么 B 就必须和之前逃逸出来的所有粒子组成的系统 C 纠缠，否则便无法携带信息。

然而，量子力学要求一个粒子只能与一个系统纠缠，这时为了保持 B 和 C 的纠缠就需要解除 A 和 B 的纠缠。解决办法就像用能量打破化学键一样简单粗暴——将黑洞视界视为一堵高能"火墙"。

那本物理书和上面可怜的蛀书虫会在碰到视界的时候被付之一炬，而它们的信息将会留在视界上。相反，广义相对论说这本书会毫无阻拦地越过视界，这就表明该模型中广义相对论在视界上失效了。为了保留广义相对论，避免黑洞火墙，马尔达西那和萨斯坎德提出 ER（虫洞）=EPR（量子纠缠），认为两个纠缠的粒子都是由微小虫洞联系的，所以黑洞内部的大块时空区域可由大量纠缠虫洞构成。

但是对这个猜想，目前能做的计算并不多。

（3）软毛模型

2016年，霍金、佩里（Perry）和施特罗明格（Strominger）提出了黑洞软毛模型。霍金最初提出黑洞辐射时，假设黑洞还是遵循无毛定律，即决定黑洞全部性质的只有质量、电荷、角动量三个参量，同时假定真空选取是唯一的。

然而，他们后来发现，当新的电荷落入黑洞视界时，会激发出能量极低的软光子，也就是他们所说的"软毛"。计算表明，每发生一次霍金辐射过程，黑洞视界上就会增加一根软毛，而这些软毛记录了落入黑洞的粒子信息，软毛上的信息又会随着黑洞蒸发而被重新辐射出来。这一理论有希望解决信息丢失问题，但是他们最初提出来的模型只考虑了电磁场情况，并没有涉及引力场，而且软毛不一定能存储所有落进视界的物质信息，所以该模型还需要进一步地研究和推广。

这三个模型各有特点,尽管如此,黑洞信息丢失问题及其衍生出来的火墙悖论至今仍没有一个被大家接受的、完善的解释。

4. 通往伟大设计的希望之门

霍金在他的名著《时间简史》中写道:"如果我们发现了一套完整的理论,这将会是人类理性的终极胜利——因为我们将了解上帝的思想。"

霍金是无神论者,他所谓的"上帝的思想"是拟人化的自然法则:这个宇宙是遵循物理定律的,但是如果没有办法把量子力学和引力结合起来,则说明我们对这些定律的了解还不够透彻。而黑洞物理恰好就是连接量子力学和引力的桥梁。

虽然我们还无法触及现实的黑洞,但黑洞视界无疑是引领我们通往大自然伟大设计的一道希望之门。从1916年史瓦西(Schwarzschild)在一战的战壕里首次解出爱因斯坦场方程的黑洞解,到1974年霍金辐射的发现,这一领域经历了漫长的沉寂和等待。接下来便是激烈的争论和众多的发现,一直持续到现在。

广义相对论的提出距今已过百年,它预言的引力波也在2016年被人类捕获(首次捕获的引力波信号来源于两个黑洞的合并)。然而近几年来,雅各布·贝肯斯坦、约瑟夫·波尔钦斯基和史蒂芬·霍金等科学巨匠相继陨落,这不仅是物理学界的重大损失,也在全人类的心头蒙上了阴影。

但先贤们的成就和思想终将为后世照亮通往真理的大道。黑洞是宇宙中吞噬一切的狂暴巨兽,也是量子理论和广义相对论的撞车现场。正因为黑洞视界之下涌动着新物理的暗流,全世界的物理学家们都为此感到兴奋不已。终有一天,人们将叩开黑洞视界的大门,一探究竟。

虽然我们对宇宙已经有了很多了解,但是对于暗物质、暗能量和黑洞的本质,大家都还是一头雾水。我们现在就像是走到了黑暗森林的岔路口,宇宙学家们在不同的道路上探险,但还没有人知道究竟哪条路才会通向光明。唯一可以确定的是,宇宙中还有太多的奥秘等待我们去发现。迷失在黑暗时代的我们,除了前进,别无他法。

第4讲 霍金：果壳宇宙的无边王者

3月14日是物理学家爱因斯坦的诞辰纪念日,但2018年的这一天,让人震惊的是另一颗巨星的陨落。笔者在当天中午就餐的时候,看到朋友分享了一条英国广播公司(BBC)的消息:"突发新闻:物理学家史蒂芬·霍金去世,享年76岁。"

图4.1 史蒂芬·霍金

霍金去世的消息也立刻被国内各大官方媒体转载,社交平台上频频转发,热度居高不下。很难相信在如今这样一个年代,大家会这样悼念一位思考宇宙起源的物理学家。这种景象在历史上也发生过,同样是在英国,也是位出身剑桥大学的科学家——牛顿。在他的葬礼上,伦敦城万人空巷,贵族们争相去抬他的灵柩。当时法国大思想家伏尔泰也在现场,并为人们对理性和科学的尊敬所震撼。

人们将霍金称为当代的牛顿、爱因斯坦、天才、科普网红…… 但是无论他拥有多少荣耀的头衔，我们都不该忘记，霍金是一位从未停止过探索宇宙的物理学家。

4.1 结缘宇宙的一生

霍金出生于1942年1月8日，正好是伽利略逝世300周年纪念日。他17岁进入牛津大学，20岁获得学士学位，同年进入剑桥大学攻读博士学位。他起初想师从宇宙学大师弗雷德·霍伊尔（Fred Hoyle），可后来给他安排的导师是丹尼斯·西阿马（Dennis Sciama），这两位宇宙学家对于霍金早期的研究影响颇深。西阿马作为一名非常优秀的科学家，给予霍金极大的帮助与激励。1973年，霍金和同门师兄乔治·埃利斯（George Ellis）一起出版了专著《时空的大尺度结构》，并以此献给他们的导师。

弗雷德·霍伊尔最著名的工作是提出了稳恒态宇宙模型，并受约翰·惠勒（John Wheeler）和理查德·费曼（Richard Feynman）工作的启发给出了相应的霍伊尔-纳里卡理论。霍金读博的时候对霍伊尔的理论非常感兴趣，并做了详细计算，结果发现了其中的矛盾，并在霍伊尔的一次报告中当面指了出来。他后来将这些内容都写进了他的博士毕业论文《膨胀宇宙的性质》，给了稳恒态宇宙论沉重一击。该论文中最大的亮点是最后一章，即对宇宙学奇点定理的证明。

霍金在博士期间的研究工作非常出色，但不幸的是，他在那时被确诊患上了渐冻症，之后逐渐全身瘫痪无法言语。他凭借着极为顽强的毅力活了下来。他组建了家庭（不止一次），获得了博士学位，而后又获得了教职，并逐步成为世界上最伟大的物理学家之一。

1979年，霍金被授予剑桥大学的卢卡斯数学教授一职。卢卡斯数学教授席位创立于1663年，第一任是牛顿的老师兼同事艾萨克·巴罗（Isaac Barron），之后，牛顿（Isaac Newton）、斯托克斯（George Stokes）、狄拉克（Paul Dirac）等十几位大师都出任过该教职。霍金在这个职位上一干就是30年。在退休前两年，也就是2007年，霍金在剑桥大学建立了理论宇宙学中心,并指出理论宇宙学中心的建立是为了"发展数学上自洽且可供观测检验的宇宙理论"。

霍金的一生从未停止过对宇宙的探索,在他做出的诸多科学贡献中,有关宇宙学方面的工作为这一领域的发展画上了浓墨重彩的一笔。作为与他仅有过若干次学术交流之缘的后辈,笔者并不认为自己具备评价这位巨匠学术生平的资格。因此,笔者在这里只能抱着最大的敬意对其所从事的同行领域加以最谦逊的介绍。

4.2 他的思考从未离开过宇宙学

霍金在有关宇宙学方面的重要工作都是在 20 世纪 70~80 年代做出来的,主要包括:宇宙学奇点定理、霍金辐射、原初黑洞和宇宙波函数的哈特-霍金态等。

在攻读博士期间,他受到数学家罗杰·彭罗斯(Roger Penrose)证明黑洞奇点定理的启发,和彭罗斯一起展开了进一步研究。按照广义相对论,如果按时间减小的方向,宇宙将会收缩到一个能量密度无限大的点,该点就是宇宙奇点。在这个点上广义相对论会失效,也就表明了爱因斯坦的引力理论是有缺陷的。因此,物理学家需要寻找到一种比广义相对论更为基础的引力理论来取而代之,这也为在量子引力之路上前赴后继的修行者们提供了一盏路灯。

幸好我们的宇宙为经典引力和量子世界发生冲突提供了一类天然试验场,那就是黑洞。20 世纪 70 年代霍金开始转向研究黑洞动力学,他于 70 年代初首次证明了黑洞面积不减定理,并与巴丁和卡特提出了与热力学四定律相似的黑洞四大定律。同时惠勒的研究生贝肯斯坦首先提出了黑洞视界面积和熵的关系。然而,这些工作并没有给出有关黑洞温度的合理解释,直到 1974 年霍金导出了著名的黑洞霍金辐射,并完善了贝肯斯坦的想法,给出了贝肯斯坦-霍金公式。该公式神奇地包含了玻尔兹曼常数 k、普朗克常数 h 和引力常数 G,是热力学、量子力学和相对论三大领域交汇的地方。

在霍金辐射中,他利用弯曲时空量子场论,刻画了这样一幅图像:在黑洞附近的真空涨落中,可以有一对虚粒子产生,其中一个将被黑洞吸收,而另一个将获得自由逃逸出去,这就导致了黑洞能够辐射,而且这些辐射组成了一幅完美的黑体谱。与此同时,根据能量守恒,被吸收的那个虚粒子携带了负能量,于是就中和了一部分黑洞的质量,看起来就像是黑洞蒸发了一样。这一重要发现为后来的一系列理论物理发展做了极为关键的铺垫,并带出了有关黑洞信息悖论的理论疑难,成为黑洞信息、量子信息和量子引力的研究热点。

霍金的思考从未离开过宇宙学。在1971年的一篇文章中,霍金提出了宇宙学中黑洞的形成机制,认为宇宙极早期的物质密度扰动可能会形成微型的黑洞。接下来的1974和1975年,他和他的学生伯纳德·卡尔(Bernerd Carr)陆续完善了这一想法,并给出了原初黑洞质量谱的计算。与恒星坍缩形成黑洞的传统过程不同,宇宙在极早期的量子涨落会诱生时空的曲率扰动,从而进一步产生极早期宇宙的物质密度扰动。当这个密度扰动超过一个临界值时便会有一定概率坍缩成原初黑洞。原初黑洞可以用来解释暗物质组分,也可以用来解释一些天文学观测中的反常现象,以及作为一类引力波发生器的候选者,这些都是近年来宇宙学领域的热门话题。

20世纪80年代初,宇宙学中的暴胀学说异军突起,很好地解决了热大爆炸宇宙学说的一系列理论疑难。霍金也迅速跟进了这些进展,他和詹姆斯·哈特(James Hartle)在1983年提出一个哈特-霍金量子态,并描述了该态的宇宙波函数满足量子引力中的惠勒-德维特方程。该结果给出了量子宇宙学中一个极为重要的无边界假说。他们利用量子场论中的维克转动方法将实时间轴转动到虚时间轴,论证了在这一特定的量子态下,宇宙的边界条件就是没有边界。并且在这种情况下,宇宙可以从无边界中浮现出来,并演化到一个德西特时空。也就是说,这为暴胀宇宙论提供了一个特定的初始条件。

4.3 让世界聆听宇宙

　　除了影响深远的研究工作以外,霍金能够获得如此声誉,和他在科普上做出的巨大贡献密不可分。他将理论物理学家在近百年来做出的众多晦涩难懂的杰出工作,以生动形象的方式呈现给了大众,让这个星球上的大多数人了解我们目前对这个宇宙的认识,也吸引了一大批青年才俊进入这个领域。他因杰出的科学贡献和与病魔顽强抗争的经历,成为很多人的精神领袖,代他行走和说话的高科技轮椅也成为他特有的标志。

　　因为身有残疾需要护理,再加上家庭和子女的负担,这笔开支仅凭大学教授的工资是不够的,所以霍金决定抽出大量科研时间来写一本科普书,以赚取额外津贴(这或许是霍金的一次自我解嘲)。1988年他出版了《时间简史》,这本书成为史上最成功的科普著作之一,被译成40多种语言,累计销量2500万册,一度登上畅销书榜首,超过了同期的迈克尔·杰克逊的书。出版社编辑之前给他说"多一个公式就会少一半的读者",于是整本书就只剩下了爱因斯坦最著名的质能方程 $E=mc^2$。后来他还出版了《果壳中的宇宙》《大设计》等科普著作。2014年基于他的故事改编的电影《万物理论》上映,影片讲述了他不同寻常的经历,引起了社会的热烈反响。

　　霍金与中国也颇有渊源,他曾先后三次到访中国。第一次是在1985年,中国科学技术大学费了九牛二虎之力,将这位"大不列颠国宝"邀请过来,并在水上报告厅做了两场报告。为了促成此行,霍金的学生吴忠超以及伯纳德·卡尔起了很大的推动作用。接着一行人又去了北京,并圆了霍金的长城梦。2002年和2006年,他又两次来到中国访问,并向公众做了科普报告。他的来访也推动了中国科普工作的进一步发展,我们从他(以及其他很多国际知名的大科学家)的经历看到,科研人员做好科普也是非常重要的。

　　影片《万物理论》结尾处,有一段独白,或许是此书最好的结语:我们人类只是灵长类动物的高级品种,生活在一个很小的星球上,绕着银河系一个很普通的恒星公转,而它只是亿万个星系中的一个。自文明诞生以来,人类便从未停止过对这个宇宙中潜在的自然法则进行探索。宇宙的边界是什么？这肯定有个非同寻常的答案,那么还有比没有边界更非同寻常的答案吗？同样,人类的潜力也不会有边界的。我们都是与众不同的,不管生活多么艰辛,总会有一种方式让自己发光。生命不息,希望不止(图4.2)。

图4.2 人和宇宙

阿里原初引力波观测站

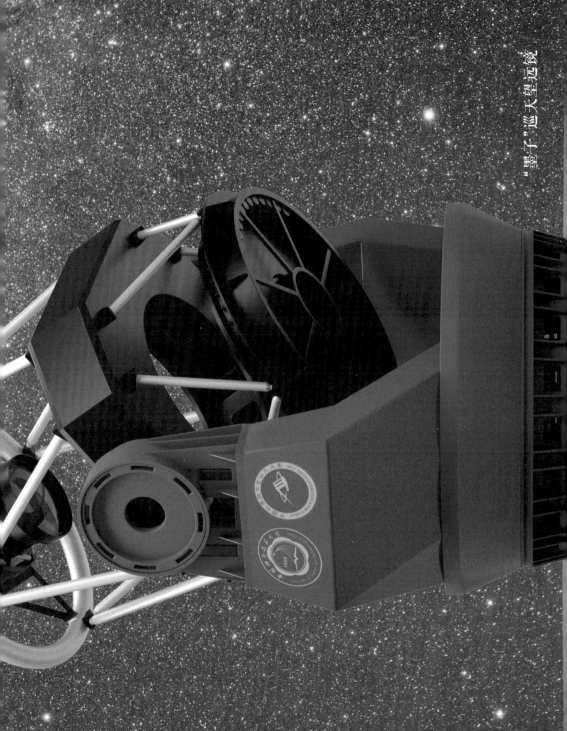
"墨子"巡天望远镜

作者简介

蔡一夫

博士，DSEL深空探测实验室、中国科学技术大学教授，国家重点研发计划引力波专项首席科学家，入选国家创新人才青年项目，获得国家优秀青年基金项目、中国科协青年人才托举工程资助。研究领域是粒子宇宙学，兴趣集中在宇宙起源、大尺度结构的早期形成、暗物质暗能量等方面。

金庄维

博士，毕业于北京大学物理学院，科普爱好者，互联网内容平台知识内容品类资深运营。